Weiterbildung für Brandschutzbeauftragte

16 Unterrichtseinheiten zum Selbstlernen

Von

Dr.-Ing. Wolfgang J. Friedl

ERICH SCHMIDT VERLAG

Bibliografische Information der Deutschen Nationalbibliothek
Die Deutsche Nationalbibliothek verzeichnet diese Publikation in der Deutschen Nationalbibliografie; detaillierte bibliografische Daten sind im Internet über https://dnb.d-nb.de abrufbar.

Weitere Informationen zu diesem Titel finden Sie im Internet unter ESV.info/978-3-503-20038-2

Gedrucktes Werk: ISBN 978-3-503-20038-2
eBook: ISBN 978-3-503-20039-9

www.ESV.info

Satz: L101 Mediengestaltung, Fürstenwalde
Druck und Bindung: docupoint, Barleben

ESV
ERICH
SCHMIDT
VERLAG

Inhaltsverzeichnis

Gesetzliche Grundlage

Der Brandschutz muss umgesetzt, gelebt werden. Wenn das kein Brandschutzbeauftragter macht, so liegt die Verantwortung voll bei der Geschäftsleitung. Der Begriff „Garantenstellung" sollte an dieser Stelle einmal im Internet nachgelesen werden (=die persönliche Pflicht, dafür zu sorgen, dass bestimmte, strafrechtlich relevante Situationen nicht eintreten). Brandschutzbeauftragte sind ja nur dann konkret gefordert, wenn es die Bauordnung fordert, die Berufsgenossenschaft oder die Feuerversicherung – doch selbst wenn diese Forderung nicht besteht, so macht es Sinn, einen solchen (respektive eine solche) zu haben: Zu komplex sind die Anforderungen und Aufgaben, als dass eine Person das „so nebenbei" erledigen kann – und diese Person hat ohne Ausbildung kein fachlich fundiertes Grundwissen über Brandschutz. Gibt es keinen Brandschutzbeauftragten, ist die Geschäftsleitung immer voll in der brandschutztechnischen Verantwortung.

Die **DGUV Information 205-003** regelt einvernehmlich, wie Brandschutzbeauftragte ausgebildet werden müssen und wie sie sich weiterbilden zu haben. Die Weiterbildung umfasst 16 Unterrichtseinheiten á 45 Minuten, also z. B. eine Schulungsveranstaltung über zwei Tage und zwar alle 3 Jahre. Diese Veranstaltungen sind heute – auch aus Gründen des Umweltschutzes (und man spart Reise- und Übernachtungskosten) – schon als Fernveranstaltung buchbar, d. h. man sitzt am Terminal und muss das Büro dafür nicht verlassen.

Nun mag es Personen geben, die sich dieses Buch zwar gekauft haben, aber lediglich ohne das Buch zu lesen. Stimmt, solche wird es geben. Aber es gibt auch Personen, die auf Weiterbildungen kaum im Raum sitzen und wenn doch, zu 100% geistig abwesend (weil mit dem Smartphone im Internet) sind. Prüfungen sind bei Weiterbildungsveranstaltungen nicht üblich, lediglich bei der Grundausbildung, und selbst die Prüfungen sind nicht standardisiert: So gibt es einen Brandschutzbeauftragten-Ausbilder, der am Freitag (am Tag vor der schriftlichen Prüfung für Brandschutzbeauftragte) tatsächlich alle Fragen vorstellt und auch die richtigen Antworten. Was man von so einem Schulungsträger und so einer Person halten soll, ist wohl klar, und dass man damit nicht unbedingt stolz auf seine „Leistung" sein kann. Umso beeindruckender dann zu hören, dass er sich mit 100% Erfolgsquote rühmt...

Dieses Buch geht nun ganz neue Wege und ich gehe davon aus, dass Sie persönlich Spaß und Interesse am Brandschutz und an Ihrer Weiterbildung haben: Der Brandschutzbeauftragte muss ja Autodidakt sein, d. h. er muss aktiv sein, Probleme und Aufgaben selbstständig erkennen, anpacken und konstruktiv lösen können. Die Teilnahme an einem Seminar ist etwas passives, das Lesen eines Buchs ist ein aktiver Vorgang, bei dem – Pädagogen zufolge – deutlich mehr hängen bleibt. Deshalb haben wir dieses Buch für Sie geschrieben. Lesen Sie es Kapitel für Kapitel, überfliegen Sie nichts. Lesen Sie eine Seite, ein Kapitel ruhig zweimal. Überlegen Sie erstens bei jeder Information, ob das für Sie – für Ihr Unternehmen oder für Teilbereiche – von Interesse sein könnte und überlegen Sie dabei zweitens, wie Sie die neue Information konkret umsetzen können.

Behalten Sie dabei im Hinterkopf, dass alles nicht nur effektiv (wirksam), sondern auch effizient (wirtschaftlich) sein soll und überlegen Sie zudem, wen Sie vorab von der Notwendigkeit der brandschutztechnisch verbessernden Veränderung überzeugen müssen.

Lesen Sie das Buch, machen Sie sich an den entsprechenden Stellen Notizen, streichen Sie relevante Stellen (die Sie immer wieder brauchen) mit einem Textmarker an und setzen Sie gute Tipps in gute Lösungen um. Glauben und akzeptieren Sie bitte, dass ich nichts schreibe, um selbst davon wirtschaftlich zu profitieren – sondern ich schreibe über Dinge, die gefordert oder einfach nur sinnvoll (da schadenreduzierend) sind. Sorgen Sie dafür, dass die Brandgefahr in Ihrem Unternehmen weiter reduziert wird und überlegen Sie, wie man die Schadenhäufigkeit und gleichzeitig auch die Schadenschwere reduzieren, minimieren oder gar eliminieren kann. Und wenn Sie Veränderungs- und Verbesserungsvorschläge haben, bitte scheuen Sie sich nicht, mir eine eMail zu schreiben: entweder über den Verlag, oder mir persönlich.

Herzlichst, Ihr Dr.-Ing. Wolfgang J. Friedl aus München
(wf@dr-friedl-sicherheitstechnik.de)

PS Über alles, was wir vorhaben, beurteilen, verbessern usw. steht der § 4 des ArbSchG: Gefahren sind so gering wie möglich zu halten, verbleibende Gefahren sind zu minimieren.

Einleitende Worte

In jedem Unternehmen stehen andere brandschutztechnische Probleme an und gleichartige Probleme können in unterschiedlichen Unternehmen unterschiedlich gelöst werden. Lösung A ist deshalb nicht unbedingt besser oder schlechter als Lösung B – und vielleicht ist sogar Lösung C noch glücklicher gewählt? Oder Sie setzen A und zugleich auch C um. Also sprechen wir mit anderen, diskutieren, wägen ab und sehen nicht uns und unsere Idee, sondern das Ziel im Mittelpunkt bzw. Vordergrund. Das macht nämlich einen guten Brandschutzbeauftragten aus, dass er so viel fachliches Wissen und menschliches Einfühlungsvermögen hat, um zu wissen, wem er was wie vermittelt, wie er überzeugend ankommt und wann; und wem er welche Fragen stellt und von wem er welche Hilfestellungen erwarten kann.

Hier nachfolgend finden sich 16 Kapitel, die 16 unterschiedliche, aber 16 hochaktuelle Themen und Probleme im Brandschutz in Unternehmen abhandeln. Vielleicht sehen wir uns in drei Jahren mal auf einer Weiterbildungsveranstaltung? Oder ich habe 16 gute weitere Ideen erhalten, dass ich in drei Jahren den Teil II zu diesem Buch schreibe? Oder Sie sehen mich mal in einer Inhouse-Schulung oder in einem Internet-Seminar? Wie auch immer: Bilden Sie sich weiter, lesen Sie, hören Sie zu, setzen Sie um, verbessern Sie. Stillstand ist Rückschritt, auch im Brandschutz.

„Gewinner agieren, Verlierer reagieren". Werden Sie zu einem Gewinner, also werden Sie brandschutztechnisch aktiv, bevor etwas passiert. Sind Sie dem Feuer einen Schritt voraus, dann müssen Sie nicht kurativ handeln, nicht reagieren. Damit machen Sie Ihr Unternehmen übrigens auch für die Feuerversicherungen attraktiv, denn jeder Brand ist einer zu viel – egal ob der der Schaden „nur" 35.000 € beträgt oder einige 100.000 €. Die Anzahl und die Höhe der Vorschäden ist heute nämlich deutlich mehr als früher ein Kriterium für Versicherungen, Schutz anzubieten – oder eben nicht.

Brandschutz ist nicht produktiv und seinen Erfolg kann man nicht wie den Auswurf einer Produktionsanlage berechnen. Brandschutz wird häufig negativ gesehen, nach dem Motto: Es hat gebrannt, also war der Brandschutz nicht gut (genug). Anders herum gesehen (also so: Toll, dass es jahrelang nicht gebrannt hat, der Brandschutzbeauftragte macht offenbar hervorragende Arbeit!) wird es nämlich nie gesehen – damit müssen wir Brandschützer leben. So unintelligent das auch ist, es gibt nicht wenige, die kein Problem damit haben, dass im Auto Gurte, Überrollbügel, Airbags und Knautschzone für vielleicht 3.400 € verbaut wurden und sich nach dem unfallfreien Verkauf nach 6 Jahren darüber nicht ärgern. Die Anschaffung von Handfeuerlöschern wird so betrachtet, dass man sie in den letzten 6 Jahren nie gebraucht hat – anstatt sich über beides (Unfallfreiheit, Brandfreiheit) zu freuen.

Je Kapitel gibt es immer am Ende **zehn Fragen mit je vier Antwortmöglichkeiten** und am Schluss des Buchs finden Sie die Auflösungen. Eine Antwort ist immer richtig, es können aber auch zwei, drei oder alle vier richtig sein. Die Antwortmöglichkeiten sind jedoch nicht immer im Text zu finden, denn bei Brandschutzbeauftragten, die in diesem Bereich schon über längere Zeit arbeiten, darf unterstellt werden, dass dieses Wissen vorhanden ist. Sie können es sich einfach machen und die Lösungen gleich hinten nachlesen – oder Sie haben den höheren Anspruch an sich selbst, überdurchschnittlich gut zu sein und finden die Lösungen, indem Sie im Internet oder in bestimmter Fachliteratur nachlesen. Sehen Sie das als persönliche Herausforderung und Sie werden anschließend sattelfester, selbstsicherer auftreten können – versprochen!

Am Schluss des Buchs befindet sich →

Bestätigung zur Weiterbildung (Selbstlernen in 16 UE)

Diesen Nachweis können Sie herausnehmen und bei Ihren Weiterbildungsnachweisen ablegen/einkleben.

Im Text wird über den Brandschutzbeauftragten geschrieben – gemeint sind stets beide Geschlechter. Dieses wurde aufgrund der störenden Optik anderer Schreibmöglichkeiten so entscheiden sowie aufgrund der Tatsache, dass das Fachliche im Mittelpunkt steht, aber nicht die gendergerechte Artikulation, die von der Mehrheit der Bevölkerung – geschlechtsunabhängig – übrigens abgelehnt wird.

1 Gesetze, Bestimmungen und Regeln kennen und werten

In Ihrer Grundausbildung haben Sie diese vermittelt bekommen. Auf der Seite des Gesetzgebers tut sich nicht viel über Jahre, aber die Regeln und Normen werden teilweise relativ häufig aktualisiert, zurückgezogen oder umgestellt. Da mag es sein, dass sich bestimmte Dinge im Baugesetz ändern, die man entweder zeitversetzt oder gar nicht bei bestehenden Gebäuden nachrüsten muss. Oder die Forderung nach einem Explosionsschutzdokument wird nicht mehr in der Betriebssicherheitsverordnung, sondern in der Gefahrstoffverordnung gestellt. Den besten Überblick behalten Sie, wenn Sie mehrgleisig vorgehen und sich nicht lediglich auf Ihre Grundausbildung oder dieses Buch verlassen: Sprechen Sie mit anderen Brandschutzbeauftragten, gehen Sie ins Internet, haben Sie gute Kontakte zu Ihrer Feuerversicherung und auch zu Ihrer Berufsgenossenschaft (beide sind Ihre Partner und beide wollen, dass es bei Ihnen nicht brennt – dafür und davon leben die nämlich!). Über die Informationen in den nachfolgenden Kapiteln hinaus finden Sie weitere Hilfestellungen im Kapitel 14.

Gesetze werden übrigens in Deutschland kostenfrei im Internet zur Verfügung gestellt und dies gilt auch für Verordnungen und Regeln. Auch die meisten der BG- und VdS-Vorgaben findet man kostenfrei als pdf-Datei zum legalen Herunterladen oder Ausdrucken im Internet. Sie sehen, gute fachliche Weiterbildung ist nicht teuer – man braucht nur Zeit und den Willen!

1.1 BG-Recht

Ein bekannter BG-Techniker sagte in einem Seminar einmal: „Unsere Vorgaben sind mit Blut geschrieben. Es mussten viele Menschen sterben, bleibende Entstellungen oder gar Behinderungen abbekommen oder einfach *nur* verletzt werden, bevor man Abhilfevorschläge entwickelte, um diese dann im BG-Recht auszudrücken."

Berufsgenossenschaften übernehmen hoheitliche Rechte, die es seit ca. 140 Jahren in Deutschland gibt. Wir sind keine freie, sondern eine soziale Marktwirtschaft und das hat einige Vorteile. Nutzen Sie diese! Wie gesagt, die BG ist Ihr Partner und Partner wollen, dass es dem anderen Partner gut geht. „Gut" bedeutet natürlich im BG-Recht primär Arbeitsschutz, aber der Brandschutz ist damit ja untrennbar verbunden. Die Berufsgenossenschaften haben unterschiedliche Vorgaben und diese sind heute in vier Gruppen geteilt: Vorschriften, Regeln, Informationen und Grundsätze. Und wenn Sie Informationen über Explosionsschutz suchen, dann wird Ihre Berufsgenossenschaft sogar bessere und tiefere Tipps bereitstellen können als Ihr Feuerversicherer!

Dass die BG diese Vorgaben leider alle paar Jahre grundlegend umbenennt, ist zwar ebenso unnötig wie ärgerlich, aber damit kann und muss man nun mal leben. Während die zentrale Vorgabe früher einfach nur VBG 1 hieß, wurde sie in BGV A 1 umgetauft, damit sie heute **DGUV Vorschrift 1** heißen darf und die ZH 1-Vorschriften sind auch gänzlich umbenannt worden. Inhaltlich hat sich deutlich weniger verändert. Liebe Kollegen von der BG, hier ein ehrlicher, liebevoll-freundlich gemeinter Tipp: Konzentriert Euch doch mehr auf die Verbesserung von Vorgaben, als dass Ihr Euch mit solchen Umbenennungen beschäftigt, wo man sich dann 6-stellige Nummern merken muss, denen dann auch noch ein V, R, I oder G davor gesetzt wird. Denn es ist auch für uns Praktiker ein unnötiger Arbeitsaufwand, ständig neue Bezeichnungen zu lernen – oder festzustellen, dass manches Sinnvolle, Konkrete und Brauchbare ersatzlos gestrichen wurde.

Die **BG-Vorschriften** sind sog. autonome Rechtsnormen, die man einhalten muss. Sie sind einem Gesetz gleichgestellt, das bedeutet, man kann bestraft werden, auch wenn kein Schaden, keine Verletzung und kein Brand eingetreten ist. Allen voran ist die DGUV Vorschrift 1 unsere „Bibel". Da steht tatsächlich viel und Vieles drin, was wir täglich im Brandschutz brauchen. Da geht es um Pflichten von Vorgesetzten und die der Belegschaft, um die Zusammenarbeit mit Fremdhandwerkern und vieles mehr. Die BG-Vorschrift 3 fordert übrigens, dass wir Elektrogeräte überprüfen. Die hieß früher VBG 4, dann BGV A 2, dann BGV A 3, kurzzeitig sollte sie in der TRBS 2131 aufgehen und schließlich heißt sie **DGUV Vorschrift 3.** Inhaltlich relevante Verbesserungen blieben jedoch aus!

Die **BG-Regeln** sind wie technische Regeln zu sehen. Soll heißen, dass diese Regeln sich bewährt haben und als Regel der Technik allgemeingültig umgesetzt werden. Von Regeln jedoch darf man – anders als von Gesetzen oder autonomen Rechtsnormen – abweichen. Wann? Immer dann, wenn man die Sicherheit alternativ auch hinbekommt, besser hinbekommt, oder wenn durch das nicht-Einhalten der Regel keine Gefahr entsteht. Übrigens, „muss" heißt „muss", klar; aber „soll" heißt eben nicht „sollte", sondern „soll heißt muss, wenn man kann" – diese Definition ist nicht nur juristisch recht anspruchsvoll, sondern es ist auch interessant, sich darüber an konkreten Beispielen Gedanken zu machen.

Die **BG-Informationen** sind – Informationen. Eine Information bringt nur dann etwas, wenn die diese Information entgegennehmende Stelle auch über Fachwissen und Abstraktionsvermögen verfügt, um eben aus dieser Information etwas Sinnvolles, Konkretes, Verbesserndes zu gestalten. Lesen Sie also für Ihre Arbeitsbereiche interessante BG-Informationen und gestalten Sie daraus ein höheres brandschutztechnisches Niveau für Ihre Leute und Ihr Unternehmen.

Die **BG-Grundsätze** sind nicht zu unterschätzende Bezugsquellen zur eigenen Fort- und Weiterbildung. Vielleicht kennen Sie noch aus Ihrer Schulzeit den dümmlichen Satz „Wissen ist Macht; aber nicht-Wissen macht nichts." Dieser Spruch ist wegen der Wortverdrehung für einen infantilen Geist mit unterdurchschnittlichem IQ vielleicht lustig, mehr aber nicht. Anders herum wird ein Schuh draus: Je mehr wir wissen, umso professioneller, besser und mächtiger sind wir. Und die BG-Grundsätze zu lesen ist ein Baustein, der uns voranbringt, weiterbildet – versprochen! Probieren Sie's einfach mal aus!

Es gilt ja auch der Spruch, dass Dinge, die nichts kosten, keinen Wert haben. Das ist mehrfach falsch, wie wir alle aus dem beruflichen und privaten Leben wissen. Gerade die BG/DGUV-Schriften, die ja für die zugehörigen Unternehmen kostenlos zur Verfügung stehen, sind häufig Gold wert. Warum? Lesen Sie das einleitende Zitat oben in diesem Unterkapitel noch mal – und weil es der BG eben nicht um den Verkauf von Produkten geht, sondern weil der Mensch und seine Gesundheit im Mittelpunkt stehen. Stark. Ganz stark!

Auch die Aushänge der BG sind inhaltlich richtig, wichtig und gut. Dass man sie vielleicht manchmal etwas informativer, interessanter, weniger peinlich oder schlicht moderner gestalten könnte ist der Tatsache geschuldet, dass heute leider vieles der verblendeten Ideologie des Political Correctness zum Opfer fällt.

1.2 Arbeitsschutz-Recht

1973 wurde in Deutschland das **Arbeitssicherheits-Gesetz (ASiG)** kreiert – zum Teil gegen den erbitterten Widerstand der Unternehmen – die anfänglich nicht verstanden haben, dass das Verhüten von Unfällen und Bränden ihnen deutlich weniger Geld kostet als das Kurieren und Reparieren. 24 Jahre nach Gründung unseres Landes begann man also erst, arbeitende Menschen – zum Teil auch gegen deren Willen – vor Unwissenheit (manchmal auch Dummheit) gesetzlich zu schützen. 23 Jahre später kamen weitere Vorgaben aus der EU, die wir Deutsche in dieses Gesetz integrieren wollten. Aufgrund von teilweise lächerlichen Interessenskonflikten verschiedener Interessensgruppen (Parteien, Unternehmen, Berufsgenossenschaften, Versicherungen, Feuerwehren, u. a. m.) ist dies nicht gelungen, deshalb hat man – wenig hilfreich für uns alle! – ein neues Gesetz, das **Arbeitsschutzgesetz (ArbSchG)** dem Arbeitssicherheitsgesetz gleichberechtigt an die Seite gestellt.

Übrigens, in der DDR hat man schon deutlich früher als im freien Teil Deutschlands erkannt, dass jeder nicht arbeitsfähige Mensch mehr kostet als er an Ertrag (der in der DDR bekanntermaßen eher dürftig war...) einbringt. Deshalb sind dort die Arbeitsschutzvorgaben sowie die Brandschutzvorgaben deutlich rigoroser kontrolliert und umgesetzt worden – eines der wenigen Vorteile einer Diktatur! Ganz anders als beispielsweise im fernen Asien oder auch Mittel- und Südeuropa (oder gar Afrika), wo die Gesundheit eines Menschen und der Umweltschutz sowieso oft weniger Wert hat als ein einziger Geldschein!

Ordnungen sind übrigens Gesetze, sie heißen nur anders: Die Bauordnung ist ebenso wie die Straßenverkehrsordnung als gültiges Gesetz anzusehen. Ordnungen sind etwas anderes als Verordnungen. Unterhalb dieser Gesetze sind Verordnungen zu sehen. Verordnungen sind verbindlich wie Gesetze, aber sie konkretisieren mehr und sie sind auch einfacher und fachlich besser zu verändern als Gesetze. Hintergrund ist, dass bei Gesetzen die Parteien (die sich ja gegenseitig keine Erfolge gönnen können und oft mehr mit sich selber als mit den Problemen und Sorgen von uns Bürgern – die sie ja bezahlen – beschäftigen) das Sagen haben, bei Verordnungen jedoch die nachfolgende Riege von Fachleuten – und hier steht angenehmerweise nicht die Partei, sondern die Sache im Vordergrund.

Wieder eine Stufe weiter unter den Verordnungen stehen Regeln, die ebenfalls von einem Gremium aus unterschiedlichen Fachleuten erstellt werden. Die Mitarbeit in solchen Gremien wird nicht vergütet, somit ist klar, dass Interessensvertreter von Unternehmen ihre Leute in die Gremien setzen, wo diese für sie wirtschaftliche Vorteile kreieren können. Das merkt man z. B. an der überzogenen Anzahl von Handfeuerlöschern oder auch an den weit überdimensionierten Löschwasser-Bevorratungsbecken für Sprinkleranlagen (um nur zwei von vielen Punkten zu nennen, die viel Geld kosten, die Sicherheit aber nicht erhöhen). Doch auch auf Gesetze nehmen Unternehmen Einfluss (Lobbyisten), so wie man das u. a. am Versicherungsvertragsgesetz erkennen kann. Hier wurde vor einigen Jahren die Beweislast umgedreht: Heute müssen nicht mehr Versicherungen belegen, dass der Kunde sich grobfahrlässig verhalten hat (was zur Reduzierung der Schadenleistung führt), sondern der Kunde muss belegen, dass er sich nicht grobfahrlässig verhalten hat (!). Die nachfolgende Abbildung 1 zeigt, wie wir die unterschiedlichen Vorgaben einzustufen haben:

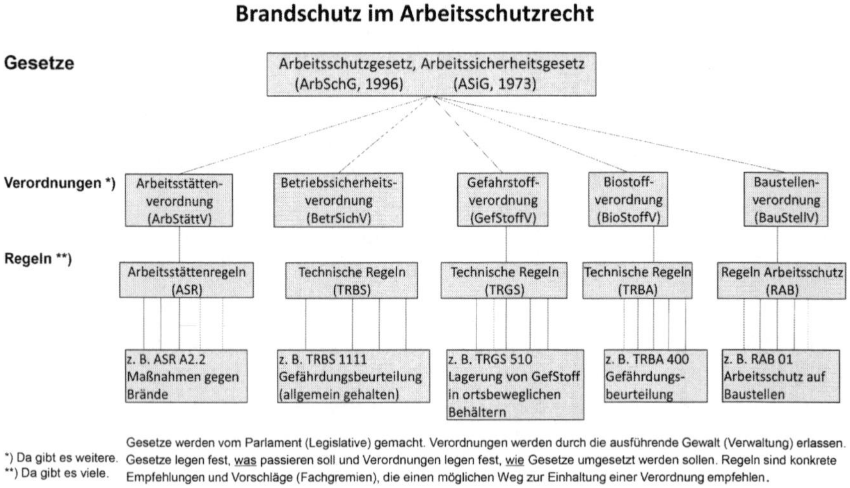

Quelle: Eigene Darstellung

Abb. 1: Rechtsrahmen Brandschutz

1.3 Baurecht

Die **Baugesetzgebung ist Länderrecht** – auch das sollte einmal umgestellt werden, denn es brennt in München wie in Mainz, in Mannheim wie in Magdeburg – und überall gehen Unternehmen auf die gleiche Art Konkurs, wenn es brennt und die Angehörigen trauern überall gleich über Todesopfer. Wenn wir einmal als ersten Schritt ein Deutsches Baurecht hätten, wäre der nächste Schritt ein europäisches Baurecht, denn auch in Madrid, Mailand oder Malmö werden Brände und Todesopfer so beurteilt. Doch das ist noch Zukunftsmusik. Noch sind Fluchtfenster in Nordrhein-Westfalen 90 cm breit und 120 cm hoch, während sie in Bayern nur Abmessungen von 60 cm zu 100 cm haben. Und aus kleinlich-egoistischen Gründen gibt es auch keine Bestrebungen, das Baurecht vom Länderrecht zum Bundesrecht zu verlagern, was für alle Menschen nur von Vorteil wäre.

Was für uns betriebliche Brandschützer von Bedeutung ist: Das Baurecht gibt bestimmte Aktivitäten vor, die in Gebäuden stattfinden dürfen; damit sind alle anderen Aktivitäten ausgeschlossen, verboten. Große Heizungen müssen in Räumen stehen, die nach der Landes-Feuerungsverordnung errichtet wurden; Kraftfahrzeuge müssen in Bereichen stehen, die nach der Garagen- und Stellplatzbauordnung ausgelegt wurden; Versammlungsräume müssen der Versammlungsstättenverordnung entsprechen; Verkaufsräume müssen nach der Verkaufsstättenverordnung errichtet werden; Müll muss in eigens dafür vorgesehenen, sicheren Bereichen gelagert werden; und größere industrielle Aktivitäten dürfen nur in Gebäuden und Hallen stattfinden, die der Industriebau-Richtlinie entsprechen (diese heißt zwar verwirrenderweise „Richtlinie", wird aber als Ordnung – sprich Gesetz gesehen). Was bedeutet das? Wir müssen wissen, welche Bauordnung(en) bei unseren Gebäuden angewandt wurden, um diese mit den dort stattfindenden Aktivitäten abzugleichen: Gibt es eine Diskrepanz, müssen wir a) baurechtlich nachrüsten und b) uns versicherungsrechtlich Schutz und Absicherung zusichern lassen. Im Fall a) kann uns ein Schwarzbau und somit nicht genehmigte Aktivitäten unterstellt werden (mit all den möglichen, negativen Folgen – eingeleitet durch Behörden) und im Fall b) kann es sein, dass aus formaljuristischen Gründen eine Schadenzahlung nicht erfolgen muss; das kann zum Konkurs führen.

1.4 DIN-Normen

DIN-Normen sind **privatrechtliche Regeln** technischer Art, die aber – anders als Technische Regeln – nicht als verbindlicher Bestandteil des juristischen Konstrukts gelten müssen. Es kann jedoch sein, dass eine DIN in einem Bundesland oder sogar deutschlandweit so weit erhoben wird, dass diese eben doch als Stand oder Regel der Technik eingeführt wird. Die DIN 4102 oder die DIN EN 13501 (in beiden geht es um die Einstufung von Baustoffen und Bauteilen) seien hier als Beweisführung aufgezählt. Und auch die Brandschutzordnung sollte nach der DIN 14096 erstellt sein und nicht nach dem eigenen Gefühl.

Wahrscheinlich schildert ein Ausschnitt aus einer Gerichtsverhandlung am eindrucksvollsten, wie man DIN sehen kann: Eine Versicherung hat einen Schaden nicht beglichen, der Kunde verklagte daraufhin die Versicherung auf Schadenszahlung. Der Kunde sagte vor Gericht „Die müssen doch zahlen, schließlich habe ich mich an die Vorgaben der DIN gehalten!" Worauf der Richter antwortete: „DIN? Was ist das? Ach, Sie meinen das, was sich ein paar Lobbyisten im Hinterzimmer eines 5-Sterne-Hotels privatrechtlich zusammengeschustert haben? Das interessiert hier nicht, denn sie haben gegen den Versicherungsvertrag und das Baurecht verstoßen und diese Verstöße führten kausal zu dem Schaden." Fazit: Die Klage wurde abgewiesen.

Die Inhalte von DIN sind nicht falsch, veraltet oder gar dümmlich, ganz im Gegenteil; allerdings erkennt man bei einigen DIN-Normen schon, welcher Konzern Geld dafür ausgibt, dass seine Interessen sich hier wiederspiegeln. Aber lange bevor Brandschutzbeauftragte diese oft dicken Normen mit nur teilweise brauchbarer Substanz (für den Anwender) für teures Geld kaufen und lesen, sollten wir andere Dinge lesen, verstehen, kennen und umsetzen. Denn Brandschutzbeauftragte brauchen oftmals keine DIN, die brauchen der Hersteller von Produkten, nicht deren Abnehmer.

1.5 Technische Regeln

Nicht nur anders, ganz anders als DIN sind Technische Regeln zu sehen. Sie sollen uns firmen- und produktneutral und somit möglichst anwenderfreundlich Informationen geben, wie heute (heute!) Brand-, Arbeits-, Umwelt- und Baustellenschutz betrieben wird. Akzeptieren Sie bitte, dass sich nicht nur bei TV-Geräten, Kraftfahrzeugen und Smartphones der technische Fortschritt fast exponentiell weiterentwickelt. Auch im Bereich der Sicherheit geht es vorwärts und aufwärts – vielleicht nicht ganz so atemberaubend schnell wie in anderen Bereichen, aber einerseits gibt es Fortschritte, Trends und neue Entwicklungen – andererseits gibt es eine zunehmende Intoleranz gegenüber Unfällen und Bränden (Anmerkung des Autors: Hier empfinde ich Intoleranz mal als etwas Positives!).

Die Technischen Regeln sind der Arbeitsstättenverordnung, der Betriebssicherheitsverordnung, der Gefahrstoffverordnung und der Baustellenverordnung nachgeordnet. Dementsprechend heißen sie auch **ASR** (Arbeitsstättenregeln), **TRBS** (Technische Regeln zur Betriebssicherheitsverordnung), **TRGS** (Technische Regeln zur Gefahrstoffverordnung), **TRBA** (Technische Regeln für biologische Arbeitsstoffe) und **RAB** (Regeln Arbeitsschutz für Baustellen). Diese Regeln werden in unregelmäßigen Abständen neu geschrieben, ergänzt, umgestellt und aktualisiert und sie gelten – da von einem hochqualifizierten Personenkreis aus hohen, aber nichtpolitischen Beamten sowie auch Mitarbeitern von Unternehmen erstellt – als gesicherter Stand der Technik und der Wissenschaft. Im Gegensatz zum „Stand der Technik" sind die „Regeln der Technik" allseits bekannt, haben sich bewährt und sie müssen um- und eingesetzt werden. Mit „bewährt" ist gemeint, dass man auch alle schädlichen oder teuren Nebenwirkungen und mögliche Kinderkrankheiten kennt, im Griff hat oder beseitigen konnte.

1.6 Versicherungsrechtliche Vorgaben

Versicherungen haben die Rechtsformen AG oder VvaG (was eigentlich einer AG entspricht), niemals aber GmbH – d. h. es sind privatrechtliche Institutionen mit viel Kapital (Immobilien, Aktien). Nach bestimmten gesetzlichen Vorgaben dürfen die Versicherungsarten nur bestimmte Versicherungen anbieten und auch nur bis zu bestimmten Werten (je nachdem, wie viel mobiles und insbesondere immobiles Eigenkapital vorhanden ist). Versicherungen können und dürfen in die Versicherungsverträge Klauseln hineinschreiben und auch unverbindliche VdS-Richtlinien zu einem verbindlichen Bestandteil des Versicherungsvertrags auflisten. Ein „Vertrag" ist nämlich die freiwillige Übereinkunft von mindestens zwei unterschiedlichen Parteien, die sich darin gegenseitig Verpflichtungen abverlangen, z. B.: Arbeitsvertrag; Kaufvertrag; Versicherungsvertrag; Ehevertrag; Mietvertrag. So lange ein Vertrag nicht gegen Gesetze, Sitte und Anstand verstoßen, ist er rechtsgültig. Einen Vertrag unterschreibt man freiwillig, andernfalls (Erpressung, Zwang) ist er nicht gültig – und natürlich müssen die unterzeichnenden Personen verstehen, was sie unterschrieben haben: Da gibt es zum einen die arglistige Täuschung und zum anderen die intellektuelle Unzurechnungsfähigkeit.

Für uns Brandschützer bedeutet das: Wir kennen die Feuer-Versicherungs-Verträge (Gebäude, Inhalte, Betriebsunterbrechung) und alle darin enthaltenen Forderungen. Achtung, manche sind so formuliert, dass man schon Boshaftigkeit oder den ernsthaften Willen der Täuschung erkennen möchte – im Zweifelsfall fragen wir einen Juristen, Kaufmann oder wir wenden uns mit konkreten Fragen direkt an die Versicherung, so: „Im Versicherungsvertrag steht ... Das interpretiere ich so ... und wir setzen das so .... um. Entspricht das Ihren Vorstellungen und wenn „nein", wie sollen wir die Situation einvernehmlich regeln? Vielen Dank für Ihre Antwort, m. f. G." Sobald Sie diese eMail abgesendet haben, sind Sie erst mal in seichtem Gewässer und somit auf der sicheren Seite, denn nun liegt der Ball im gegnerischen Feld und die Versicherung wird höchstwahrscheinlich eine Antwort finden, die es ermöglicht, Ihr Unternehmen als Kunde zu behalten. Sollten Sie Angst haben, hier schlafende Hunde zu wecken und Sie sprechen die Versicherung nicht an, wird das nach einem entsprechenden Schaden ggf. zum Desaster: „Hätten Sie uns mal besser vorher gefragt, aber jetzt, äh, leider ..."

Übrigens, die VdS-Richtlinien sind wie auch die Technischen Regeln und BG-Vorgaben durchaus intelligent, informativ und sinnvoll. Schließlich will die Versicherung, dass Ihr Unternehmen Prämie bezahlt und dass davon möglichst nichts zurückgegeben werden muss – deshalb steht viel Wichtiges und Richtiges zur Brandschadenverhütung in diesen Vorgaben und diese Inhalte umzusetzen kann auch dann Sinn machen, wenn sie nicht verbindlicher Bestandteil des Versicherungsvertrags sind. Auch wenn Sie dieses Ansinnen der Versicherung jetzt vielleicht als egoistisch einstufen, bitte berücksichtigen Sie bei Ihrer Urteilsfindung, dass es Ihnen und Ihrem Unternehmen ja auch dann am besten geht, wenn Sie möglichst nie die Unterstützung einer Versicherung brauchen. Oder auf Ihre Krankenversicherung bezogen: Zahlen Sie bitte gern monatlich ein paar 100 €, die dann andere verunglückte und kranke Personen brauchen (und nicht Sie, weil Sie einen weiteren Monat Ihres Lebens gesund geblieben sind)!

Alte und zurückgezogene Regeln können noch als Erkenntnisgrundlage herangezogen werden, wenn deren Inhalte Sinn machen und nicht überholt, veraltet sind. Das betrifft z. B. die **TRG 280**, (TRG stand für Technische Regeln Gase), die **VbF** (Verordnung brennbarer Flüssigkeiten) oder die **TRbF** (Technische Regel für brennbare Flüssigkeiten). Die VbF ging in der TRbF auf, die TRbF dann in der

TRGS 510. Allerdings sind in der VbF noch konkrete Hinweise, Maximalmengen und klare Maßnahmen – etwas, was man heute in einigen Vorgaben vermisst.

1.7 Fragen zum Kapitel

1. Wo wird ein Explosionsschutzdokument gefordert?
   a) BetrSichV
   b) GefStoffV
   c) ArbStättV
   d) BioStoffV
2. Welche Vorgaben bekommt man üblicherweise kostenfrei im Internet?
   a) Gesetze und Technische Regeln
   b) VDI-Regeln
   c) DIN-Normen
   d) VdS-Vorgaben
3. Welche Art von Informationen kann man von Berufsgenossenschaften erwarten?
   a) Vorschriften, Regeln, Informationen und Grundsätze
   b) Gesetze, Verordnungen und Richtlinien
   c) Verbindliche Vorgaben und unverbindliche Empfehlungen
   d) Nichts in Richtung „Brandschutz", sondern lediglich in Richtung „Arbeitsschutz"
4. Welche Rechte hat eine Berufsgenossenschaft?
   a) Unternehmen begehen
   b) Strafen aussprechen
   c) Verbindliche Auflagen machen
   d) Bei erheblichen Verstößen die Einstellung des Betriebs veranlassen
5. Welches Gesetz gilt für Gebäude?
   a) Landesbauordnung
   b) Bundesbauordnung
   c) Musterbauordnung
   d) Europabauordnung
6. Wie lautet die Reihenfolge der Wertigkeit (die höchste Priorität wird zuerst genannt, bitte nur eine Antwort)?
   a) Ordnung – Verordnung – Anordnung
   b) Gesetz – Ordnung – Richtlinie
   c) Verordnung – Regel – Information
   d) Gesetz – Verordnung – Regel
7. Wo ist das Baurecht geregelt?
   a) Bundeshauptstadt
   b) Landeshauptstadt
   c) Kreisstadt
   d) Stadt/Gemeinde

8. Wie stufen Sie DIN-Vorgaben ein?
   a) Völlig unbedeutende Empfehlungen
   b) Es macht Sinn, sie einzuhalten bzw. zu bewerten und zu beachten.
   c) Sie sind wie Gesetze zu sehen.
   d) Sie werden durch VdS-Vorgaben konkretisiert.
9. Wie sind Technische Regeln und Arbeitsstättenregeln zu sehen/zu werten?
   a) Leider fast immer störend, unnötig und praxisfremd
   b) Immer und absolut verbindlich, so wie Gesetze
   c) Sinnvoll, mit konkreten Hinweisen
   d) In der Bedeutung deutlich unterhalb VdS-Gesetzen zu sehen
10. Was passiert, wenn man im Versicherungsvertrag vereinbarte Punkte nicht umsetzt?
   a) Keine Bestrafung bei Nichteinhaltung
   b) Ggf. keine oder eine reduzierte Schadenzahlung, wenn dieser Verstoß kausal für einen Brandschaden verantwortlich ist.
   c) Bestrafung, so wie ein Gesetzesverstoß – auch ohne Schaden
   d) Bestrafung, so wie ein Gesetzesverstoß – aber nur nach einem Schaden.

2 Mögliche Reaktionen nach Brandschäden

Der Mensch lernt nicht nur, aber auch aus den Schäden anderer. Natürlich ist es intelligenter, sich vorab zu überlegen, was realistisch Negatives passieren kann – um konstruktive Präventionsmaßnahmen ab- und herzuleiten. Doch am sinnvollsten ist es, wenn man beides angeht und drittens noch die Inhalte von Vorgaben kennt und umsetzt. Sollten Sie eine Tageszeitung haben, bitte lesen Sie alle Berichte über Brände, deren Ursachen, die juristischen Folgen und wie sich Behörden und Versicherungen verhalten. Nach dem 25. Artikel werden Sie folgendes feststellen: Es sind immer ein paar wenige, triviale Gründe, warum es a) zu Bränden und b) zu Problemen kommt. Das festzustellen ist einfach, aber es in der Praxis besser zu machen ist schon deutlich schwerer – weil wir alle eben „nur" Menschen sind mit Schwächen, Trägheit, begrenztem Intellekt, manchmal fehlendem Einsehen, Emotionen und manchmal zu gutgläubig sind. Man kann ja auch mal im Internet unter bestimmten Begriffen nachlesen, was nach Bränden passiert oder nicht passiert, auf die Seiten der Berufsgenossenschaften oder Berufsfeuerwehren gehen, usw.

2.1 So können sich Richter und Staatsanwälte verhalten

Wir leben – noch – in einem zumindest einigermaßen weitgehend intakten Rechtsstaat, wo nicht Emotionen, Status, Parteizugehörigkeit oder Beziehungen, sondern Tatsachen und gesetzliche Bestimmungen entscheiden, welche Folgen eintreten werden. Gut, wir alle kennen Ausnahmen, aber die haben A. Huxley oder G. Orvell auch schon beschrieben, und die wird es wohl auch immer geben (damit wird ein Unrecht aber nicht zum Recht!).

Der Staatsanwalt ist der Anwalt des Staates für den, der gerade durch ein Feuer getötet worden ist; sollte es sich hierbei um Ihren Partner, Ihr Kind oder Freund handeln, so sind Sie sicherlich auch dafür, dass verantwortliche Personen zur Rechenschaft gezogen werden – weil durch deren Fehlverhalten der Tod eingetreten ist. Recht, nicht Rache! Damit will ich sagen, dass nach größeren Bränden natürlich immer die Kripo und die Staatsanwaltschaft ermitteln, was passiert ist und warum. Diese Leute haben Fragen, wollen Unterlagen einsehen und ehrliche, passende Antworten. Denn, so zynisch es klingen mag, Menschen dürfen innerhalb der Grenzen von Vorschriften sterben, aber eben nicht außerhalb. Als an der Dachauer Straße in München stadtauswärts ein PKW mit 60 km/h (das ist dort erlaubt) einen plötzlich hinter einem geparkten LKW auf die Fahrbahn tretenden Mann tödlich überfuhr, sagte der Fahrer zur Polizei: „Ich überfuhr den Unfallgegner mit der dafür erlaubten Höchstgeschwindigkeit." Was er damit ausdrücken wollte, werden Sie sicherlich verstehen und auch die überraschte Reaktion der Polizei auf diese unglückliche Formulierung. Schlussendlich jedoch war es so, dem Mann war kein Fehlverhalten vorzuwerfen, und so wurden die Ermittlungen gegen ihn eingestellt und die Hinterbliebenen des Toten mussten den Schaden am PKW ersetzen. Nicht menschlich-persönlich, aber sachlich-nüchtern wird man dem zustimmen.

Also, was fragen ermittelnde Behörden? Zunächst gibt es die Erwartung, dass die Geschäftsleitung sich auskennt und Fragen beantworten kann, Unfallzahlen kennt und auch die Personen und deren Tätigkeiten, die sich im Unternehmen mit Sicherheit beschäftigen. Man erwartet schlichtweg, dass die Geschäftsleitung die Gefährdungsbeurteilungen hat und kennt, über Unterweisungen Bescheid weiß, dass die Betriebsgenehmigungen vorliegen und deren Auflagen eingehalten werden. Die Ermittlungsbehörden sprechen natürlich auch (ohne unser Beisein) mit Berufsgenossenschaften, der Feuerwehr und auch der Feuerversicherung; deren Briefe und Protokolle werden gelesen und gewertet, ggf. auch die vom Brandschutzbeauftragten erstellten Protokolle, ASA-Sitzungsprotokolle und danach folgt: Wenn über Jahre Mängel angeprangert und nicht beseitigt wurden, die schließlich real zum Brand geführt haben, wird die Toleranz ein jähes Ende haben können; ist der Mangel kurzfristig aufgetreten, wird die juristische Einstufung anders erfolgen. Weiter erwarten natürlich alle „Gegenspieler", dass sämtliche Technik und Sicherheitstechnik (wozu auch der Brandschutz gehört) den aktuellen Vorgaben entsprechend gewartet und funktionsfähig ist.

Nachfolgend möchte ich Ihnen übliche Aussagen von Personen vor Gericht aufführen, die wenig erfolgversprechend sind:

- Angeklagter sagt: „Das habe ich nicht gewusst." Richter antwortet: „Wenigstens eine ehrliche Aussage! Schade, Sie hätten es wissen müssen und wir setzen den Prozess jetzt fort und tun so, als ob Sie es gewusst hätten. Diese Information zu haben ist nämlich keine Bringschuld von anderen, sondern das wäre eine Holschuld von Ihnen gewesen!"
- Eine Stromleitung (darf maximal mit 3.680 Watt belastet werden), war um mehr als das Doppelte überlastet. Die Frau, die diese Situation zu verantworten hatte, sagte: „Ich bin ja nur eine Frau und weiß so was nicht, wir Frauen sind doch keine Elektriker. Ich kenne mich mit Hausarbeit und den schönen Dingen des Lebens aus." Der Richter (sichtlich amüsiert über diese eher peinlich-dumme Aussage der späten 50-er Jahre) sagte darauf zu der Dame, die besser einen weiteren Knopf der Bluse hätte schließen sollen: „Ich unterscheide da nicht die Geschlechter. Sie haben doch Physik in der Schule gehabt, bis zum Abitur. Also ich habe Jura studiert und weiß das. Es steht ja auch auf den Steckdosen-Verlängerungen. Sie hätten es wissen müssen. Und wenn sie schon die eigene Ansicht haben, dass so was etwas für Männer sei – Sie haben einen Mann, ein paar Kollegen, einen Hauselektriker und einen Hausmeister, die hätten Sie alle fragen können." Sprach's und verurteilte die Frau.
- Relativ häufig hört man bei Prozessen folgendes: „Bis jetzt ist nichts passiert, das ist das erste Mal!" Die möglichen Antworten darauf kann man sich denken: „... das war eine Glückssträhne, mit dessen Ende Sie jederzeit hätten rechnen müssen!"

- Aussage eines angeklagten Unternehmers nach einem Brand: „Brandschutz hat bei uns keine Bedeutung, denn die Brandgefahr ist ja nicht gegeben!" Ich denke, eine Kommentierung dieser dummen Aussage erübrigt sich, oder?
- Antwort auf die Frage, wie denn der Brandschutz im Büro gehandelt wurde: „Brandschutz ist doch nicht relevant im Büro!" Diese Aussage wurde als „grob fahrlässig" gewertet, was lt. Versicherungsvertragsrecht zu einer deutlichen Reduzierung der Schadenzahlung führte.
- Eine Aussage, die man relativ häufig vor Gericht hört: „Mir hat nie jemand was gesagt!" Hier ist es immer eine individuelle Betrachtung, ob das eine Holschuld oder eine Bringschuld gewesen ist und man könnte diese Aussage auch so formulieren: „Mein Chef hat Schuld."
- Angeklagter sagt empört: „Ich habe mich doch an die geltende DIN gehalten!" Der Richter: „Das ist ja löblich, doch Sie haben gegen einen Paragraphen in einem Gesetz verstoßen, das ist schwerwiegender. DIN-Normen sind privatrechtlich, das interessiert hier nur marginal!"
- Staatsanwalt nach tödlichem Brand vor Ort: „Ich will mit Ihnen später reden, bleiben Sie hier!" Der Angesprochene: „Ich habe hier mit Brandschutz nichts zu tun!" Der Staatsanwalt erwidert forsch: „In meinem letzten Satz waren zwei Informationen, die haben Sie beide offenbar nicht verstanden. Ich wiederhole sie noch einmal für Sie: Ich werde mit Ihnen reden und nicht Sie mit mir. Und das passiert später, nicht jetzt. Haben Sie's jetzt verstanden?!"
- Eine auch immer wieder gehörte Aussage lautet: „Ich habe mir da überhaupt keine Gedanken gemacht.", und das mag ja auch ehrlich, authentisch, sympathisch wirken. Ich rate aber, zuvor mit dem Anwalt zu besprechen, ob man diese offene Ehrlichkeit an den Tag legen sollte.
- Ein Angeklagter macht eine lachende Aussage – die ernste Reaktion des Richters: „Ach, das finden Sie lustig?" Es sollte klar sein, dass es vor Gericht ja immer um etwas Ernstes, Bedeutendes geht (Schuldzuweisung, Geldstrafe, Haftstrafe ...) und da sollten ein gewisses Niveau und bestimmte Umgangsformen – anders als in der Kneipe – gewahrt werden.
- Aussage über einen Kollegen, dass man wusste, dass der nicht korrekt, nicht zuverlässig arbeitet. Der Staatsanwalt: „Wenn Sie schon wussten, dass er unzuverlässig ist – warum haben Sie ihn dann damit beauftragt?" Somit hat der Auftraggeber selbst einen Teil der Schuld!
- Richter zum Angeklagten (bei dem so ziemlich alles nicht korrekt war, was erwartet wird): „Bei Ihnen war es aufgrund Ihres Verhaltens und Nicht-tuns nicht die Frage, ob etwas passiert, sondern lediglich wann!"
- Begründung nach der Verhängung einer Haftstrafe: „Sie bekommen jetzt viel Zeit, doch mal nachzudenken!"
- Beurteilung des Richters, nachdem die Gegenseite ein paar Punkte aufführte, die nicht korrekt waren: „Ein einzelner Punkt hätte nicht zur Einstufung ‚grob fahrlässig' geführt, aber in dieser Subsummierung schon!"
- Architekt vor Gericht (gegen den Rat seines Anwalts): „Moment mal, die tun ja so, als ob ich doof bin. Bin ich aber nicht. Ich habe das ja alles gewusst und

vorhergesehen!" Der Richter daraufhin: „Gut, dann wird Ihre Haftpflichtversicherung dafür geradestehen und der Prozess ist aufgrund dieser Aussage hiermit zu Ende!"

- Aussage eines Richters zu einem Gutachter, der über Tatsachen berichtete und diese versuchte, in eine Richtung zu kommentieren bzw. zu biegen: „Bringen Sie bitte nur Fakten, eine wertende Meinung bilde ich mir dann selbst!"
- Der ermittelnde Staatsanwalt will Unterlagen einsehen und sagt: „ Alles, was nicht binnen 15 Minuten vorliegt, gilt als nicht vorhanden und was uns erst morgen vorgelegt wird, gilt als manipuliert!"
- Richter sagt: „Selbst einmalige Verstöße können, müssen aber nicht zu Problemen führen; in diesem Fall..."
- Angeklagter sagt lässig: „Tja, shit happens eben!" Der Richter antwortet darauf: „Oh, das ist die falsche Lebenseinstellung!"
- Angeklagter sagt: „Das machen wir schon immer so!" Der Richter darauf: „Jahrzehntelanges Unrecht kann nie zu Recht werden!"

Vermeiden Sie durch das ernst- und gewissenhafte Umsetzen von Vorgaben, dass es nach Bränden zu solchen Aussagen kommt. Dass man nicht 100% erreichen kann, ist jedem klar, auch dem Richter – aber wir müssen es wenigstens versuchen!

2.2 Probleme mit staatlichen Autoritäten

Zu größeren Bränden wird die Feuerwehr die Polizei rufen und diese dann gegebenenfalls die Kriminalpolizei; die Kripo wird ihrerseits die Staatsanwaltschaft als ermittelnde Behörde zuziehen. Versetzen Sie sich mal in die Situation eines Staatsanwalts: Dieser wird dafür bezahlt festzustellen, ob ein Ist-Stand einem Soll-Stand entsprochen hat. Nachdem es bei Ihnen gerade einen größeren Brand (ggf. mit Toten!) gegeben hat, ist das ja wohl nicht der erwünschte Soll-Stand. Folglich hat irgendjemand einen Fehler gemacht, eine Vorgabe nicht eingehalten und deshalb ist eine Fabrik abgebrannt, das Leben eines Menschen auf grausame Art und viele Jahrzehnte zu früh beendet worden. Es ist ja gerade ein Zeichen von einem weitgehend intakten Rechtsstaat, wenn nach solchen Havarien eine grundlegend neutrale Person Ermittlungen aufnimmt und dann zu einer Meinung kommt (gemeint ist, gegen wen ermittelt werden muss). Wir sehen, schon aus dem Grund, weil wir die Freiheit und unser freies Leben lieben und genießen, sollten wir uns an Vorgaben halten.

Wer von Ihnen schon mal den Führerschein, einen guten Teil seines Gelds oder gar zeitlich befristet die Freiheit dafür einbüßt hat, weil er grob gegen Gesetze verstoßen hat, wird verstehen, was ich zum Ausdruck bringen will. Oder so: Sie halten sich (weitgehend) an Vorgaben, nicht weil Sie spießig, sondern weil Sie intelligent sind!

Ein Staatsanwalt wird dann überlegen und entscheiden, ob er eine Anklage gegen eine Person (Anklagen sind immer gegen Personen, nicht gegen Firmen gerichtet) einleitet und somit hat dieser schon parteiisch eine Meinung (gegen diese Person). Unterstützt wird diese Meinung natürlich durch Informationen, die die Staatsanwaltschaft aus Aussagen, Situationen, BG-Meinungen und Versicherungs-Informationen erhält. Ein erst mal neutraler Richter wird sich dann beide Seiten anhören und entweder Recht (Recht, nicht Gerechtigkeit!) sprechen oder einen Vergleich empfehlen.

2.3 Berufsgenossenschaften

Grundsätzlich müssen Sie Ihre **Berufsgenossenschaft (BG)** so sehen, wie Sie auch eine Versicherung sehen. Das bedeutet, dass diese Partner eigene Ziele und wirtschaftliche Interessen haben und diese (und nicht Ihre) im Vordergrund sehen. Auch Berufsgenossenschaften (die man übrigens als Pflichtversicherung für arbeitende Menschen sehen kann) versuchen, das erhaltene Geld nur unter guter Begründung und aufgrund von Regularien zurück zu geben. Stellen sie fest, dass sich jemand grob fahrlässig verhalten hat, wird es juristische Probleme geben. Die Person, um die es hierbei geht, steht jetzt nicht im Mittelpunkt, sondern juristische Gründe (also Vorgaben, die nicht eingehalten wurden). Konkret bedeutet das, dass man sich auf einen jahrelangen Rechtsstreit einlässt, der zermürbend und zum Teil auch unter der Gürtellinie ausgetragen wird. Doch es geht um große Geldbeträge und bekanntlich regiert Geld und nicht Menschlichkeit die Welt. Nach Unfällen, Schäden und Bränden, bei denen angestellte Personen ein Leid erlitten haben, steigen auch die Pflichtbeiträge für die Berufsgenossenschaft – Brandschutz liegt also auch im wirtschaftlichen Interesse der Unternehmen.

2.4 Versicherungen

Die Mitgliedschaft bei einer Berufsgenossenschaft ist verpflichtend, dazu gibt es keine Alternative; anders bei einer Versicherung: Erstens muss man Gebäude, Inhalte und Betriebsunterbrechungen grundlegend nicht versichern und zweitens hat man die Auswahl zwischen allen Versicherungen des Markts. Europäische, amerikanische oder asiatische Versicherungskonzerne versuchen sich gegenseitig, Kunden wegzunehmen und sie alle haben andere Blickweisen, Tarifierungs-Systeme und Schwerpunkte. Gemein ist ihnen (wie auch den Berufsgenossenschaften), dass sie gern Geld kassieren, aber ungern nach Schäden zurück geben: Sehr genau wird geprüft, was a) im Vertrag steht, und wenn b) ein direkter Zusammenhang mit Verstößen gegen darin stehende Verbindlichkeiten und dem Schaden herzuleiten ist, dann kann c) der Versicherer (ganz oder teilweise) leistungsfrei sein; der Gesetzgeber erlaubt es ihm sogar. Das Versicherungsvertragsgesetz, kurz VVG, sagt im § 26 nämlich aus: „Im Fall einer grob fahrlässigen Verletzung ist der Versicherer berechtigt, seine Zahlungsleistung in einem der Schwere des Verschuldens des Versicherungsnehmers entsprechenden Verhältnis zu kürzen." Das bedeutet, dass die Zahlung ausbleiben oder reduziert werden darf, wenn ein Verschulden nicht mehr als fahrlässig, sondern als grob fahrlässig eingestuft wird. Die Beweislast für das Nichtvorliegen einer groben Fahrlässigkeit trägt übrigens seit über 20 Jahren nicht die Versicherung, sondern der Versicherungsnehmer. Diese Gesetzesänderung ist der effektiven Lobbyarbeit der Versicherungsindustrie zu verdanken, ca. seit Anfang des 21. Jahrhunderts. All das spricht dafür, dass man Vorgaben nicht nur kennt, sondern auch umsetzt – jeder, zu jederzeit und überall!

2.5 Dritte

Kunden und andere, die sich geschädigt sehen, können natürlich von der schädigenden Seite Regress fordern. Der Staat kann bei Umweltverschmutzungen hohe Strafen aussprechen, nicht mehr belieferbare Kunden können auf die Erfüllung des Vertrags pochen: Sie haben ja hohe Kosten dadurch, dass die versprochenen Produkte nicht mehr oder nicht zeitig kommen. Man stelle sich einen PKW-Hersteller vor, der Bremsbeläge, Lampen, Zylinderköpfe oder die Elektromotoren der Außenspiegel nicht mehr erhält!

Durch Brände kann man der Nachbarschaft Schaden zufügen, bis hin zum Totalschaden. Unternehmen, die in großen Gebäuden in den Etagen oberhalb liegen, können durch einen von unten kommenden Brand zerstört werden; die Unternehmen, die unterhalb eines brennenden Unternehmens liegen, können durch das Löschwasser von oben zerstört werden. Menschen, die durch Brände und Explosionen persönlich eine Verletzung, Behinderung oder Entstellung hinnehmen mussten, werden verständlicherweise versuchen, die den Schaden verursachende Person oder Institution zu verklagen.

All diese Klagen kosten viel Zeit und viel Geld und sind nicht das primäre Unternehmensziel. Also gilt es, solche vermeidbaren, negativen Erlebnisse möglichst zu vermeiden – indem man sich an Vorgaben, Regeln und den gesunden Menschenverstand hält. Indem man diese vorgegebenen Verhaltensmuster vermittelt, kontrolliert und notfalls auch autoritär durchsetzt.

2.6 Brände und Brandverhütung

Die Hauptursachen für Brände sind nachfolgend in der linken Spalte aufgelistet und in der rechten Spalte stehen beispielshaft einige wenige Maßnahmen, die man zur Vermeidung einleiten soll – möglichst vor und nicht erst nach einem Brand!

Brandursache/ Brandentstehungsort	Mögliche Präventionsmaßnahmen
Strom	➢ DGUV Vorschrift 3 und VdS 3602 ernsthaft umsetzen ➢ Nur Qualifizierte mit bestimmten Geräten arbeiten lassen ➢ Nicht benötigte Geräte nach Arbeitsende ausschalten ➢ Lüftungsöffnungen frei halten
Brandstiftung	➢ Stabiler Zaun ➢ Keine Einsehbarkeit ➢ Müll sicher verwahren ➢ Paletten nicht außen an Gebäuden abstellen ➢ Geländebeleuchtung ➢ Werkschutz ➢ Kameraüberwachung
Abfall	➢ Unmittelbar nach Arbeitsende entfernen ➢ Brandsicher in eigenem Bereich lagern ➢ Verschiedenartige Abfälle trennen ➢ Pole von alten Batterien/Akkumulatoren abkleben ➢ Unzugänglich für Dritte lagern
Feuergefährliche Arbeiten	➢ § 6 der DGUV Vorschrift 1 umsetzen ➢ Erlaubnisschein für feuergefährliche Arbeiten einhalten ➢ Brandwache stellen ➢ Löschmittel bereitstellen ➢ Entzündliche Gegenstände entfernen/abdecken
Bauarbeiten	➢ Genehmigen lassen ➢ Die Feuerversicherung hinzuziehen ➢ Abends die Baustelle sicher verlassen ➢ Gasflaschen entfernen ➢ Abfälle nicht am Gebäude lagern, abends entfernen
Blitz, Überspannungen	➢ Gebäudeblitzschutz anschaffen, regelmäßig überprüfen ➢ Potentialausgleich anschaffen ➢ Grob-, Mittel- und Feinschutz (I, II und III) anschaffen
Explosionen	➢ Explosionsgefahren feststellen/definieren ➢ Explosionsschutzdokument erstellen ➢ Die Inhalte des EX-Schutz-Dokuments umsetzen ➢ EX-gefährliche Bereiche baulich oder räumlich abtrennen ➢ Lager- und Produktionsbereiche trennen
Menschliches Fehlverhalten	➢ Belegschaft überlegt auswählen/einstellen ➢ Belegschaft vor Aufnahme der Tätigkeit schulen ➢ Belegschaft regelmäßig sicherheitstechnisch sensibilisieren ➢ Belegschaft kontrollieren ➢ Lob oder Tadel, ggf. Strafe aussprechen

Brandursache/ Brandentstehungsort	Mögliche Präventionsmaßnahmen
Lagerbrand	➢ Brandsichere Beleuchtungsanlagen anschaffen ➢ Fenster möglichst vermeiden (verhindert Brandsätze von außen) ➢ Mechanischen und elektronischen Einbruchschutz realisieren ➢ Zutrittsbegrenzung erreichen ➢ Gabelstapler-Ladevorgänge brandsicher (eigene Bereiche)
Brand in der Produktion	➢ Alle Vorgaben der Anlagenhersteller beachten ➢ Abfälle minimieren ➢ Mitarbeiter und Vorgänge kontrollieren ➢ Ausreichend und richtige Löschmittel zur Verfügung stellen ➢ Automatische Brandlöschanlagen anschaffen (Gebäude, Anlage)

Tab.: Hauptursachen für Brände – Maßnahmen

Ich bitte Sie jetzt eindringlich, erstens diese Liste nicht als absolut anzusehen, zweitens diese Reihenfolge nicht wertend zu verstehen und drittens die Punkte in der rechten Spalte nicht als immer richtig und komplett einzustufen. Bitte nehmen Sie sich Zeit, sowohl in der linken Spalte weitere Punkte aus Ihrem Unternehmen zu finden, als auch in der rechten Spalte viele weitere bauliche, anlagentechnische und organisatorische Präventionsmaßnamen einzufügen.

2.7 Fragen zum Kapitel

1. Wann kommt es in Unternehmen zu Bränden?
   a) Es handelt sich um ca. 30 gleichwertige und meist gleich verteilte, völlig unterschiedliche Ursachen.
   b) Meist nur aus einigen wenigen, sich immer wieder wiederholenden Ursachen
   c) Primär aus dem Grund der vorsätzlichen Brandstiftung
   d) Eigentlich ist es fast immer sich selbst entzündender Abfall.
2. Wann ermittelt die Staatsanwaltschaft?
   a) Bei jedem Brand
   b) Nur bei Bränden ab ca. 50.000,– € Schadenursache
   c) Bei erheblichen Bränden, Großbränden
   d) Bei Bränden mit Personenverletzungen
3. Gegen wen/was gehen die Ermittlungen von der Staatsanwaltschaft?
   a) Firmen
   b) Personen

c) Ggf. gegen Firmen und Personen
d) Wenn gegen Personen, ausschließlich gegen Führungskräfte, nie gegen die „normale" Belegschaft

4. Wenn man Vorgaben nicht kennt und sie deshalb nicht einhält und es kommt zu einem Schaden: Wie wird das von Gerichten gewertet?
   a) Immer strafvergrößernd
   b) Immer strafmindernd
   c) Überhaupt nicht
   d) Das hängt vom Schaden, der Person, dem Verstoß und dem Bekanntheitsgrad der Vorgabe ab und somit von der Einstufung/Einschätzung der vorsitzenden Person.

5. Wer kann/darf nach Großbränden ermitteln?
   a) Staatsanwaltschaft
   b) Berufsgenossenschaft
   c) Feuerversicherung(en)
   d) Nur die von der Geschäftsleitung beauftragten Personen/Institutionen

6. Wie ist eine Berufsgenossenschaft zu sehen?
   a) Das ist eine Sachwerte-Versicherung.
   b) Das ist eine Personen-Versicherung für alle auf dem Gelände des Unternehmens anwesenden Personen.
   c) Es ist fakultativ, ob man bei einer Berufsgenossenschaft versichert ist oder nicht.
   d) Das ist eine Pflichtversicherung für die Belegschaft.

7. Wie ist eine Feuerversicherung für Unternehmen zu sehen?
   a) Das ist eine verbindlich abzuschließende Versicherung (Pflicht), wenn man Besitzer der Immobilie ist.
   b) Nur Gebäude müssen versichert sein, Inhalte nicht.
   c) Ohne Versicherungsschutz darf die Arbeit nicht beginnen.
   d) Man kann Gebäude, Inhalte und Betriebsunterbrechung jeweils getrennt versichern.

8. Was findet man im Versicherungsvertragsgesetz?
   a) Der Versicherer ist berechtigt, seine Zahlungsleistung in einem der Schwere des Verschuldens des Versicherungsnehmers entsprechenden Verhältnis anzupassen.
   b) Industrielle Feuerversicherungen müssen bei vorsätzlicher Brandstiftung nicht bezahlen.
   c) Die allgemeinen Sicherheitsvorschriften der Feuerversicherungen (ASF) sind dann unverbindlich, wenn eine um 12,5 % höhere Versicherungsprämie bezahlt wird.
   d) Versicherungsverträge mit Laufzeiten über 2 Jahre sind nicht zulässig.

9. Welche Probleme können nach Bränden auftreten?
   a) Probleme mit den Abnehmern der Produkte, die jetzt nicht mehr produziert werden können.

b) Probleme mit den Zulieferern der Produkte, die jetzt nicht mehr verarbeitet werden können.
c) Zu Mitbewerbern abwandernde Kundschaft.
d) Richter stellt Produktion ein.

10. Welches Risiko ist/welche Risiken sind nicht versicherbar?
    a) Imageverluste
    b) Betriebsunterbrechungen
    c) Umweltschäden
    d) Direkter Blitzeinschlag.

3 Unterlagen, für die Brandschutzbeauftragte zuständig sind

Natürlich wird sich jeder an uns Brandschutzbeauftragte wenden, wenn es um den Brandschutz geht. Nun muss man aber wissen, dass wir für einiges zuständig, nicht jedoch für alles verantwortlich sind (vgl. Garantenstellung). Schließlich heißt unser Titel „Brandschutzbeauftragter" und nicht „Brandschutzverantwortlicher". Dennoch (vgl. das Kapitel 5„Aufgaben des BSB") müssen wir natürlich auf vielen Hochzeiten tanzen, über viel Bescheid wissen und eigenverantwortlich Unterlagen erstellen und/oder kommentieren. Schließlich ist nicht jede Stellungnahme und Forderung von Dritten (Feuerwehr, Versicherungen, Berufsgenossenschaft) korrekt oder berechtigt.

3.1 ASA

Die ASA-Sitzung findet vierteljährlich statt und da sollen – nein, müssen! – wir als Brandschutzbeauftragte teilnehmen. Der Brandschutz ist ein wichtiger, oftmals der wichtigste Teil des Arbeitsschutzes und es wird immer Fragen und Probleme geben, bei denen wir gefordert sind. Also versuchen wir, bei möglichst allen vier Jahressitzungen des Arbeitsschutzausschusses teilzunehmen. Sinnvoll ist, wenn wir vorab erfahren, welche brandschutzrelevanten Themen anstehen, damit wir uns entsprechend vorbereiten können. Wenn Sie bei einer ASA-Sitzung eine Antwort wissen auf eine spontane Frage, umso besser; wenn nicht, dann sagen Sie das offen und ehrlich und liefern die Antwort nach – alles andere wäre russisch Roulette oder, anders ausgedrückt feige oder schlicht dumm. Denn niemand erwartet, dass eine befähigte Person zu einer Thematik alles spontan weiß! Wichtig ist, dass wir wissen, wo wir was finden oder wen wir fragen können. Das liefern wir zeitnah nach, und so kommt es dann ins ASA-Protokoll.

3.2 Begehungsprotokolle

Gewerbeaufsicht, Versicherungen, Feuerwehrleute, Berufsgenossenschaften und weitere Institutionen können und dürfen Unternehmen begehen und es wird im Anschluss ein Protokoll dazu geben. Dabei geht es meistens um die Kontrolle, ob verschiedene Vorgaben auch umgesetzt und gelebt werden, oder auch um verbessernde Empfehlungen. Bei brandschutztechnischen Verstößen wird es zudem eine wertende Kommentierung geben, etwa Stufe 1 (hochgefährlich, sofort abstellen, respektive den Betrieb einstellen), Stufe 2 (ggf. kritischer Verstoß, bitte baldmöglichst abstellen) und Stufe 3 (Verstoß, aber erst mal nicht kritisch. Sollte mal angegangen werden, z. B. bei Umbauarbeiten).

Um die Meinung anderer (die ja auch Fachwissen haben und brandschutztechnisch keine Anfänger sind) werten zu können, braucht man Wissen, eine daraus hergeleitete Meinung und auch den Mut, konkret eine eigene Meinung zu einem konkreten Sachverhalt einnehmen zu können. Dass das, insbesondere bei abweichender Einstufung, zu Problemen und Streitgesprächen führen kann, ist offensichtlich. Andererseits sind wir ja oft der Meinung dieser Kollegen und der

„Gegner" ist nicht die Versicherung oder die BG, sondern die Geschäftsleitung – die eben bestimmte Dinge nicht umsetzen will. Man erlebt aber auch, dass eben diese Geschäftsleitung nach Bränden sich eher feige hinter dem Brandschutzbeauftragten verschanzt, um selbst nicht in der Schusslinie zu stehen. Sie sehen, Ihr Job ist kein simpler Job, sondern ein anspruchsvoller und ggf. sogar gefährlicher Beruf!

Achten Sie darauf, wer Ihrem Unternehmen ein **Protokoll** zusendet und wie die Worte formuliert sind. Die Versicherung spaßt nicht: Wenn sie Haftungsausschlüsse androht, ist ggf. Gefahr in Verzug und die Existenz des Unternehmens nach einem entsprechenden Brand gefährdet. Oder wenn eine Behörde etwas anordnet, dann ist immer ein zeitlicher Rahmen vorgegeben, den man bitte nicht ungenutzt verstreichen lassen sollte.

3.3 Reaktionen auf Briefe

Erste Regel: Schreiben Sie auf einen Brief (eine eMail) nicht umgehend einen Brief, respektive eine eMail – sondern warten Sie etwas. Zweite Regel: Senden Sie das Verfasste nicht unmittelbar ab, sondern schlafen Sie mindestens eine Nacht darüber; und dann lassen Sie noch eine weitere Person den von Ihnen verfassten Text lesen (und natürlich auch den Brief, der diesen Brief ausgelöst hat). Diese zweite Person sollte Jurist, Kaufmann, Versicherungsfachwirt oder eine andere höhere Person Ihres Unternehmens sein – also jemand, der eine andere Ausbildung oder einen anderen Status hat. Halten Sie im Hinterkopf, welche Interessen die andere Seite hat, warum diese den Brief geschrieben hat; schließlich geht es nicht um Emotionen oder privates, sondern wohl darum, dass jemand meint, Ihr Unternehmen verstoße gegen geltendes Recht und das wird dann wohl so sein. Vielleicht werten Sie das anders, aber Ihr Unternehmen ist jetzt im Zugzwang.

Kommt ein Brief von einer Versicherung, werden Sie die Versicherungsabteilung oder einen Versicherungskaufmann Ihres Unternehmens hinzuziehen. Kommt ein Brief von der Berufsgenossenschaft, werden Sie die Fachkraft für Arbeitsschutz kontaktieren; sind Sie selbst Brandschutzbeauftragter und Fachkraft für Arbeitsschutz, dann holen Sie sich den technischen Geschäftsführer oder den Produktionsleiter hinzu. Wenn der Brief indes von einem Rechtsanwalt oder gar der Staatsanwaltschaft kommt, dann soll bitte Ihr Unternehmen einen Anwalt beauftragten, diesen Brief (gemeinsam mit Ihnen) zu beantworten: Das hat eine große juristische Bedeutung und verschafft Ihnen erst mal einen zeitlichen Gewinn und juristische Sicherheit.

Grundsätzlich sollten Sie die Bedenken und Anliegen anderer ernst nehmen und möglichst fachlich und nicht emotional antworten – auch wenn das bei manchen Briefen, die man bekommt, nicht ganz einfach ist im Leben…

3.4 Fragen zum Kapitel

1. An wen soll sich die Belegschaft wenden, wenn es komplexere brandschutztechnische Fragen gibt?
   a) Vorgesetzter
   b) Brandschutzhelfer
   c) Brandschutzbeauftragter
   d) Geschäftsleitung, die dann den Brandschutzbeauftragten einbindet
2. Bei wem erhält der Brandschutzbeauftragte selbst gute Hinweise, wenn er sich über Brandschutz weiter informieren will?
   a) Berufsgenossenschaft
   b) Feuerversicherung
   c) Gewerbeaufsicht
   d) Amt für Arbeitsschutz
3. Woran sollte der Brandschutzbeauftragte teilnehmen?
   a) ASA-Sitzung
   b) BG-Begehung
   c) Brandschutztechnische Begehung der Feuerversicherung
   d) Neu- und Umbaubesprechungen
4. Gehört der Brandschutzbeauftragte in die ASA-Sitzung?
   a) Ja, wenn brandschutztechnische Themen anliegen
   b) Nein, das wäre kontraproduktiv
   c) Ja, das muss sogar so sein
   d) Nur, wenn Geschäftsleitung und Betriebsrat dem ausdrücklich zustimmen
5. Darf der Brandschutzbeauftragte bei ihm auffallenden Mängeln eine abhelfende Meinung haben und diese verbreiten?
   a) Nein, das wäre gefährlich
   b) Ja, das ist sein Job
   c) Nur, wenn er sich juristisch zuvor abgesichert hat
   d) Man sollte sich möglichst unverbindlich äußern, um nicht juristisch angreifbar zu sein.
6. Wo soll/kann sich der Brandschutzbeauftragte weitere Meinungen einholen?
   a) Davon ist abzuraten
   b) Berufsgenossenschaft
   c) Feuerversicherung
   d) Feuerwehr
7. Wer ist juristisch meist dafür verantwortlich, wenn nach dem Besuch der Berufsgenossenschaft bzw. nach deren Begehung in einem Unternehmen ein Brand aufgrund eines Verstoßes auftritt?
   a) Berufsgenossenschaft
   b) Verursacher bzw. Unternehmen
   c) Feuerversicherung
   d) Brandschutzbeauftragter

8. Wann sollte man auf sicherheitstechnische Kritik reagieren, die schriftlich übermittelt wurde?
   a) Immer sofort, also umgehend
   b) Nach der dritten Ermahnung
   c) Nach reiflicher Überlegung
   d) Immer nur dann, wenn es sich um ein Anwaltsschreiben handelt
9. Soll man sich im Zweifelsfall (so man sich seiner Meinung nicht sicher ist) von einer weiteren Person/Institution Rat einholen als Brandschutzbeauftragter?
   a) Ja
   b) Nein, das zeigt ja persönliche Schwäche
   c) Nur, wenn der Rat kostenfrei ist
   d) Nur von staatlichen Institutionen
10. Wie antwortet man auf Fragen von der Staatsanwaltschaft?
   a) Immer sofort, ausführlich und unter vier Augen
   b) Gegebenenfalls erst am nächsten Tag und mit Begleitung eines Anwalts
   c) Möglichst so aussagen, dass die Fehler bei anderen liegen
   d) Immer komplett vom Aussageverweigerungsrecht Gebrauch machen.

4 Der richtige Umgang mit Batterien

Batterien stellen eine latente Gefahr dar; sie können aufgrund vieler Ursachen Brände verursachen und auch Menschen verletzen. Suchen Sie im Internet einmal unter einem Stichwort wie „Li-Batteriebrände" oder „Explodierende Batterien" usw., dann finden Sie zum Teil witzige, zum Teil beängstigende und schreckliche Filme, Fotos und Schadenschilderungen von plötzlich stark explodierenden Akkus und Batterien. Und die Gefahr wird nicht geringer, sie nimmt fast exponentiell zu, denn immer mehr Geräte enthalten die hochleistungsfähigen **Li-Ionen-Batterien und -Akkumulatoren**. Wir können uns diesem gefährlichen Trend nicht unbedingt entgegenstellen, wir müssen die Gefahren erkennen und konstruktiv begrenzen.

Natürlich können Sie auf unnötige akkubetriebene Geräte wie Staubsauger – auch der Umwelt zuliebe – verzichten, aber auf Smartphones nicht mehr. Netzstrombetriebene Staubsauger sind nicht nur im Betrieb, sondern auch bei der Entsorgung weniger brandgefährlich als akkubetriebene und auch deutlich umweltfreundlicher!

Über hochleistungsfähige und wiederaufladbare Batterien (also Akkumulatoren) muss man wissen, dass die Anode primär aus Verbindungen von/mit Lithium besteht und die Kathode aus verschiedenen Verbindungen von Mangan (Mn), Cobalt (Co), Lithium (Li), Nickel (Ni), Aluminium (Al) und anderen mehr. Die Trennschicht innerhalb des Energiespeichers entspricht dem zehnten Teil der „Dicke" eines menschlichen Haars – sprich, diese Trennschicht ist mit ca. 0,006 mm sehr dünn und somit sehr empfindlich: Stürze, Knicken, Hitze oder technische Defekte können hier aufgrund der Folienbeschädigung für explosionsartige Kurzschlüsse sorgen (vgl. Filme im Internet) und zwar sofort, nach Stunden oder Wochen.

Problematisch werden auch Brände in der Umgebung, die sich auf die die Batterien von außen zerstörend auswirken, aber auch Kurzschlüsse und Produktionsfehler führen zu explosionsartigen Bränden. Problematisch weiter ist, dass man diese Mängel nicht (wie etwa dünn werdende Bremsbeläge) vorab rechtzeitig durch Wartung erkennen kann. Die Speichereinheiten sind verschlossen, verschweißt und eine Prüfung, die über eine optische Sichtprüfung hinausgeht, ist nicht und nie möglich. Hitze (etwa direkte Sonneneinstahlen oder das Betreiben eines Smartphones in der Sauna), aber auch große Kälte führen zu extremen Stressbedingungen, denen die Batterien manchmal nicht gewachsen sind. Harte Stöße (etwa das Umfallen eines E-Bikes, ein Crash mit einem Elektroauto, oder das Herunterfallen des Smartphones) führen nicht selten zum boosterartigen Abbrennen der Zellen, eine explodiert und zündet die angrenzenden an, und so weiter – bis alle ausgebrannt oder in großen Wassermengen ertränkt sind. Brennende E-Autos hebt man heute mit einem Kran in einen Container und füllt bis zu 10.000 l Wasser ein, nach wenigen Tagen geht man davon aus, dass die Gefahr nicht mehr existiert.

Die Batteriesäure/der Elektrolyt kann auslaufen und ist sowohl giftig als auch hoch umweltschädlich und explosionsfähig. Mechanische Beschädigungen können sich sofort, aber auch erst nach Tagen oder Wochen schädigend auswirken (explosionsartige Brände). Dabei fließen hohe Kurzschluss-Ströme, die deutlich lebens- und brandgefährlicher sind als hohe Spannungen (etwa bei elektrostatischer Aufladung). Wenn das relativ stabile Gehäuse mechanisch oder thermisch beschädigt wird, dringt Luftfeuchtigkeit (also Wasser) ein und allein diese chemische Reaktion kann zu Explosionsbränden führen.

Fazit: *Der sensible Umgang mit diesen Geräten und insbesondere den Akkus ist eine der wesentlichen Grundvoraussetzungen für aktiv gelebten Brandschutz.*

4.1 Gesetzliche Anforderungen

Dieses Kapitel könnte genauso gut entfallen, weil es nämlich keine gesetzlichen Anforderungen gibt, wenn es um die Lagerung, das Handling oder den Transport von Batterien geht (Stand: 10/21). Nun stimmt das so absolut auch wieder nicht, denn es gibt ja das Arbeitsschutzgesetz, das besagt, dass Arbeiten „so harmlos wie möglich" zu gestalten sind, Gefährdungen sind zu minimieren und die restlichen Gefährdungen ebenso. Der Staat hat sehr wohl in der **TRGS 509** Vorgaben für die Lagerung von gefährlichen Stoffen in ortsunbeweglichen Behältern getroffen und in der deutlich bekannteren **TRGS 510** Vorgaben gefunden, wie man gefährliche Stoffe (Gase, Stäube, Flüssigkeiten, Giftiges, Gesundheitsschädliches, Erbgutveränderndes, Krebserzeugendes oder -erregendes u. v. m.) in ortsbeweglichen Behältern lagert; doch diese TR geht nicht näher auf Li-Akkus ein, sie sind wie bisher auch Zink-Kohle-Batterien einzustufen – was der Sache (d. h. der Gefahr) nicht gerecht, aber eben politisch gewünscht wird.

Dass lithiumgefüllte Batterien und Akkumulatoren deutlich gefährlicher sind als konventionelle erkennt man daran, dass sie ein Vielfaches an Energie bei gleichem Volumen enthalten. Wer im Internet Kurzvideos über real ablaufende Akkuexplosionen ansieht, wie plötzlich und extrem diese explodieren, wird sein Handy wohl nicht mehr am Körper tragen, wenn er Auto fährt und wird es nachts zum Laden so platzieren, dass ein Defekt nicht zu einem Brand außerhalb des Smartphones führen kann. Doch da Elektroautos (auch dazu gibt es katastrophal schlimme Filme im Internet zu sehen) ein Politikum geworden sind, verdrängt man die hiervon ausgehenden Brandgefahren und will lediglich vermeintliche Vorteile publiziert sehen. Übrigens, bei allen akkubetriebenen Geräten (ob Staubsauger, Bohrmaschine oder Kraftfahrzeug) wäre es sinnvoll, die Ökobilanz zu kennen – die nachweislich zwischen bedenklich und katastrophal einzustufen ist (!).

Allerdings gibt es keine Vorgaben, wie man mit Batterien und Akkumulatoren – egal ob sie mit Zink-Kohle oder Lithium gefüllt sind umgeht, also keine besonderen, bestimmten. Man will hier keine (besondere) Gefahr sehen und die Versicherungen haben sich in der VdS 3103 auch nur zu einer Broschüre entschließen können, die eigentlich nichts Brauchbares, Konkretes enthält – alles Konkrete wurde nämlich aus dem schließlich veröffentlichen Entwurf wieder gestrichen. Dies habe kartellrechtliche und juristische Gründe – so die wenig intelligente und wenig mutige Aussage. Dass lithiumversorgte Elektrogeräte deutlich häufiger und heftiger brennen als netzstrombetriebene Elektrogeräte, ist jedoch eine Tatsache und lässt sich nicht verheimlichen oder politisch wegdiskutieren.

Ich empfehle Ihnen, die Vorgaben der Hersteller und Inverkehrbringer zu beachten – dann kann Ihrem Unternehmen kein Fehlverhalten vorgeworfen werden, sollte es zu einem Brand kommen; weiter sollten Sie die nachfolgenden Unterkapitel lesen und entscheiden, was davon bei Ihnen im Unternehmen Sinn ergibt und das halten Sie in einer kurzen, aber konkreten Gefährdungsbeurteilung schriftlich fest; denn in diesen Unterkapiteln geht es darum, wie man die Gefahr geringer, so gering wie möglich hält – und das fordert schließlich das Arbeitsschutzgesetz.

4.2 Die korrekte Lagerung von Batterien

Eine feuerbeständige Abtrennung zu anderen Bereichen (Lagerung anderer Gegenstände, Gabelstapler-Ladegeräte/Ladevorgänge, Produktion, Gebäudetechnik, Verwaltung …) wäre sinnvoll: Ein Garagentorhersteller ist aufgrund des Brands der kleinen Li-Batterien in den Funk-Fernbedienungen komplett abgebrannt; er stellte lediglich metallene Garagentore her, die er anderswo lackieren ließ!

Weiter ist wichtig, dass die Lagergebäude möglichst über nichtbrennbare Gebäudebestandteile (Dämmung der Wände, Dachausführung) verfügen. Ggf. schafft man in großen Lagern (vor dem Hintergrundwissen, dass man diese Brände nicht löschen kann, sondern zusehen muss, wie alles runter brennt, bis nichts mehr da ist) auch innerhalb des Batterielagers weitere feuerbeständige Abtrennungen: Wer ein Lager mit einem Wert von 10 Mio. € in zwei, vier oder acht Brandabschnitte unterteilt, hat im Brandfall – und früher oder später kommt das! – eben nicht 10 Mio. € Sachschaden, sondern „nur" 5 Mio., 2,5 Mio. oder 1,25 Mio. €, und das ist nicht nur für das Unternehmen, sondern auch für den Versicherer und seine Einstufung in „versicherbar" oder „eher nicht versicherbar" von entscheidender Bedeutung.

Die nach innen ins Gebäude führenden Türen zu den Lagerbereichen sind bitte mindestens feuerhemmende, rauchdichte (RD/RS) und selbstschließende Zugangstüren, und Türen ins Freie sollten mechanisch Einbruchversuchen standhalten. Der Transport wird mit sog. Ameisen oder Gabelstaplern durchgeführt, die meist nachts geladen werden und das ist brandgefährlich; darum sind die Ladebereiche baulich von den Lagerbereichen (und bitte auch von Produktionsbereichen) abgetrennt. Um Einbrecher und Brandstifter abzuhalten, sollte der Lagerbereich keine Fenster haben oder diese sind durchwurfresistent ausgebildet und das Grundstück soll effektiv eingezäunt sein.

Wenn eine bauliche Trennung nicht möglich ist, dann soll man freigehaltene Streifen von mindestens 2,5 m (besser: 5 m) schaffen – die Entscheidung ist abhängig vom Volumen der Lagerung. Eine Mischlagerung mit anderen Stoffen und Gegenständen ist grundsätzlich erlaubt (es sei denn, der andere Stoff erlaubt das nicht), sollte aber vermieden werden. Das Lagervolumen (Blocklagerung) von 7 m^3 sollte nicht überschritten werden und die Lagerhöhe sollte ≤ 3 m (geringer wäre besser, um im Brandfall einen Löscherfolg zu erzielen) betragen.

Damit man vermeidbare Brände im Griff hat, soll die Beleuchtungsanlage der Lagerhalle möglichst brandsicher sein und Palettenbewegungen dürfen die Beleuchtungsanlagen nicht brandgefährlich beschädigen können. Wird die Halle beheizt, so sollte eine Heizung mit Wärmetauscher in einem eigenen Bereich platziert werden, der nach der Feuerungsverordnung errichtet wird (bis 50 kW bzw. 100 kW ist das baugesetzlich nicht nötig, aber dringend empfehlenswert und ggf. versicherungsrechtlich gefordert!).

Um kriminelle Vorgänge verhindern oder belegen zu können (bitte mit dem Betriebsrat vorab besprechen), kann man über Zutrittskontrollsysteme und die sichtbare Platzierung von aufzeichnenden Kameras nachdenken. Auch die Installation einer Einbruchmeldeanlage (Geländeüberwachung, Außenhautabsicherung, Bewegungsmelder) mit Alarm vor Ort und in einer Sicherheitszentrale sorgt dafür, dass Einbrecher und Brandstifter ggf. vertrieben werden, bevor Schlimmes passiert. Eine Außenbeleuchtung um die Halle schreckt übrigens Einbrecher eher ab, als dass diese dadurch ermuntert werden, hier einzubrechen. Dies vor allem dann, wenn man mehrere geländefähige und ständig aufzeichnende Außenkameras installiert hat.

Intakte, also lebende Nadelbäume kann man im Sommer schon mit einem Feuerzeug zum Brennen bringen; aus diesem Grund sollen keine Pflanzen oder höchsten Laubbäume im Gefahrenbereich des Lagergebäudes platziert werden. Ebenso hat man natürlich auch weder Abfall, noch Holzpaletten, Fahrzeuge (auch keine E-Bikes!) oder andere brennbare Gegenstände außen an der Lagerhalle platziert.

Ob eine Brandmeldeanlage im Detektionsfall noch rechtzeitig Hilfe rufen kann, wage ich nicht, pauschal beurteilen zu können; sicherlich ist eine BMA eher positiv zu sehen und eine Brandlöschanlage mit Wasser würde wahrscheinlich das zerstörende Feuer dadurch begrenzen, dass größere Wassermengen kühlend und somit schützend die Verpackungen der noch nicht brennenden Batterien schützt – als brandschutztechnisch optimal sind beide technischen Einrichtungen für Batterie-Lagerbereiche nicht einzustufen.

Wer während der Betriebszeit Entstehungsbrände löschen will, der braucht die richtigen Handfeuerlöscher und möglichst auch flächendeckende Wandhydranten oder fahrbare Feuerlöscher mit 30 kg und mehr Inhalt. Die Industrie bietet mittlerweile mehrere und unterschiedliche Handfeuerlöscher an, die speziell auf Li-Batteriebrände spezialisiert sind und bei konventionellen A-Bränden eher weniger effektiv löschen. Doch bei Bränden von Li-Akkus weisen Sie Ihre Belegschaft bitte auf die Prioritätenliste hin: Personenschutz (hier ist der Eigenschutz gemeint) kommt vor Sachwerteschutz; diese Akkus können so explosionsartig hochgehen, dass die löschende Person dadurch verletzt werden kann.

Wenn es brennt, ist es wichtig, dass man die Hitze, den Rauch und die explosiven Dämpfe sowie die Pyrolysegase schnellstmöglich aus der Halle bekommt. Große Entrauchungsöffnungen mit noch größeren **Nachströmöffnungen** sorgen hierfür. „Groß" bedeutet, dass man mindestens 2 % der Hallenfläche als RWA-Öffnung auslegen sollte und diese sollen im Brandfall automatisch aufgehen. Über eine Vergitterung zur Absturzsicherung und zur Verhinderung eines illegalen Eindringens kann nachgedacht werden. Mehr als 2 % ist sinnvoll, aber gesetzlich nicht gefordert und bei einer Komplettsprinklerung wird sogar noch deutlich weniger RWA-Fläche gefordert.

Doch auch organisatorisch ist einiges zu beachten. Angefangen mit dem Kennen und dem Einhalten aller Vorgaben, die das **Produktdatenblatt** enthält, geht es weiter über den Kontakt zur Feuerwehr, die über die Lagerart und Lagermengen vorab informiert werden soll. Elementar wichtig ist auch, dass die dort arbeitenden Lagerarbeiter und Staplerfahrer keine plumpen Rambos sind, sondern Personen, die über die Gefahren und das richtige Verhalten gut informiert worden sind. Dass einem täglich 8 Stunden arbeitenden Gabelstaplerfahrer mal eine Palette herunterfällt, ist klar. Wenn er dies verheimlicht, kann das existenzbedrohend sein! Weiß er jedoch, dass er keine Probleme bekommt, wenn das mal passiert, und lagert er diese Palette in einem dafür vorab schon ausgesuchten Bereich, kann allein dadurch schon ein Millionenschaden vermieden werden.

Brandschutztechnisch besonders kritisch sind immer die Anlieferbereiche und Laderampen; hier sind häufig Paletten, leichtentflammbare Abfälle und dies in Kombination mit fremden LKW-Fahrern und Rauchern führt dann – nicht nur bei Li-Lagerbereichen – zu leicht vermeidbaren Bränden.

4.3 Altbatterien

Lassen Sie mich dieses Unterkapitel mit einem verhängnisvollen Fehler beginnen im nächsten Satz: Leere Batterien können noch Brände auslösen.

Erkennen Sie den Fehler? Die Aussage an sich ist schon richtig, aber das erste Wort „leer" ist falsch, denn damit verharmlost man einen Zustand, der nicht zutreffend ist – denn diese Batterien oder Akkus sind nicht, zumindest nicht gänzlich leer. Richtig muss es heißen „entleerte" Batterien. Diese Batterien liefern nicht mehr genügend Energie, um ein Gerät zu betreiben, aber sie sind nicht leer und damit nicht brandungefährlich.

Dazu ein Test, den bitte nur erfahrene Feuerwehrleute eigenverantwortlich nachstellen: Sie haben ein tatsächlich leeres (also luftgefülltes) 200-Liter-Fass und füllen ein Schnapsglas (2 cl) Benzin ein (oder diese geringe Menge hängt noch an den Innwänden des Fasses). Nun setzen Sie einen Deckel drauf und warten, bis das Benzin verdunstet ist. Dann wird das Fass ein paarmal gedreht, bis die Dämpfe gleichmäßig verteilt sind. Eine Zündung (Funke, Elektrostatik) führt zu einem Knall, der tödlich enden kann. Was lernen wir daraus? 2 cl (also 0,02 l, das sind 80 % weniger als ein Sektglas aufnehmen kann!) sind unter bestimmten Umständen und Randbedingungen tödlich gefährlich.

Dieses Beispiel wird jetzt linear hochgerechnet auf einen Raum mit 4 m zu 5 m (d. h. 20 m^2 Fläche). Da die Benzindämpfe schwerer als Luft sind, interessiert die Raumhöhe eher nicht. Auf einer Höhe von 1 m hat man 20 m^3 Volumen in diesem Raum. Wenn 2 cl in 200 l explosionsgefährlich ist, dann sind das in 20 m^3 (also das 100-fache) bereits 2 l – ob das Benzin oder Spiritus ist, spielt keine Rolle!

Ähnlich gefährlich sind alte Batterien. Man sammelt alle Arten von Batterien, also 9-Volt-Blockbatterien, Li-Ionen-Batterien, 3A-Batterien, Knopfzellen usw. in einem Behälter. Ob der Behälter geschlossen, offen, nichtbrennbar oder brennbar ist, das ist sekundär. Primär wichtig ist, dass die Pole sich nicht gegenseitig berühren und somit die verbleibenden Restspannungen addiert werden. Wenn man nun noch ein paar Büroklammern – warum auch immer – einwirft, die für Kurzschlüsse sorgen, dann ist es nur noch eine Frage der Zeit, bis Rauch auftritt und es zum Brandausbruch kommt.

Die Lösung besteht – wie so oft im Brandschutz – aus unterschiedlichen Maßnahmen, die gemeinsam Sinn machen und Erfolg versprechen: Abkleben beider (beider!) Pole mit einer Klebefolie; regelmäßiges Entsorgen der alten Batterien (bitte auch aus Umweltschutzgründen sammeln und entsorgen!); lagern an einer Stelle im Unternehmen, wo ein Brand einen eher geringen Schaden anrichten kann (z. B. Müllraum) und wo Menschen nicht gefährdet sind, wenn es doch zu einem Brand kommt. Und schließlich – entscheidend wichtig! – allen im Unternehmen Bescheid geben, dass es diese Vorgabe und diese Sammelorte gibt.

4.4 Fragen zum Kapitel

1. Welche Batterien sind brandschutztechnisch gesehen besonders kritisch zu beurteilen?
   a) Solche mit Zink-Kohle
   b) Solche mit Lithium
   c) Verbrauchte Knopfzellen
   d) AAA-Batterien

2. Was kann Li-Batterien und Li-Akkumulatoren zum Brennen oder gar Explodieren bringen?
   a) Hohe Temperatur
   b) Kälte
   c) Überladen
   d) Harte Schläge
3. Was kann konstruktiv die Brandgefahr im Umgang mit Li-Batterien reduzieren?
   a) Grundlegend diese Batteriearten verbieten
   b) Nur unter Kontrolle aufladen
   c) Nicht in Räumen mit vermehrten Werten laden
   d) Weder Brandlasten, noch Zündquellen in deren Nähe ablegen bzw. bereit halten
4. Welche Gerätschaften sind brandschutztechnisch sinnvoller?
   a) Netzstrombetriebene
   b) Akkubetriebene
   c) Netzstrombetriebene mit Akku
   d) 400-Volt-Geräte sind 130-Volt-Geräten vorzuziehen
5. Wann kann eine Batterie nach einer gefährlichen Einwirkung explodieren?
   a) Immer umgehend nach der gefährlichen Einwirkung
   b) Ggf. sofort, möglicherweise aber auch nach Stunden oder erst nach Tagen
   c) Batterien können nicht explodieren.
   d) Das tritt meist nach 24 Stunden ein.
6. Welche Vorgabe regelt die Lagerung von großen Mengen von Batterien?
   a) VdS C 28
   b) TRGS 510
   c) LBO
   d) DIN 14096
7. Wo findet man Informationen zum sicherheitsgerechten Umgang mit Batterien und Akkumulatoren?
   a) Hersteller bzw. dem Produkt beiliegende Informationen
   b) Versicherung
   c) Internet
   d) Eigene Gedanken entwickeln
8. Wie lassen sich die Brandgefahren von Batterien und Akkumulatoren minimieren?
   a) Baulich
   b) Technisch
   c) Organisatorisch
   d) Überhaupt nicht
9. Wie lagert man große Mengen von Batterien und Akkumulatoren?
   a) Möglichst dicht, in einem Block
   b) Möglichst gänzlich ohne Verpackung

   c) Möglichst in Räumen, die auf Temperaturen unterhalb des Gefrierpunkts gekühlt sind
   d) Idealerweise in eigens dafür vorgesehenen Räumen und nur bis ca. 3 m Lagerhöhe

10. Wie entsorgt man Altbatterien und nicht mehr ladbare Akkus brandschutztechnisch am besten?
    a) Über den Restmüll
    b) Getrennt, in dafür vorgesehene Behälter geben
    c) Sinnvoll wäre, die Pole abzukleben
    d) Keine Gefahr, da leer und es gibt hierzu keine Regelungen.

5 Aufgaben der Brandschutzbeauftragten

Brandschutzbeauftragte haben viele Aufgaben bzw. können viele Aufgaben haben – abhängig davon, ob es noch andere Personen im Unternehmen gibt, die das eine oder andere übernehmen können/wollen/müssen.

„Tue Gutes und rede darüber" – nach diesem Motto zu leben mag wenig bescheiden klingen, aber es kann sich als sinnvoll erweisen. Brandschutzbeauftragte müssen aktiv werden, die Belegschaft schulen, Kontrollen durchführen, an Besprechungen teilnehmen, Vorschläge unterbreiten und vieles mehr. Die vorgesetzten Personen werden – verständlicherweise – nicht immer begeistert sein, wenn ihre Mitarbeiter in Schulungen sind und nicht produktiv arbeiten oder wenn es baulich, anlagentechnisch, organisatorisch oder abwehrend Veränderungen und damit Kosten gibt. Dies ist auch einer der wesentlichen Gründe, warum man so eine Art „Tagebuch" führen soll (soll, nicht muss!), wo man bestimmte Dinge festhält wie Reaktionen, Probleme, Lösungsansätze und eben die gelieferten Aktivitäten des Brandschutzbeauftragten (vgl. Kapitel 13). Dieses Tagebuch kann analog oder digital sein – bei der digitalen Lösung soll man für Sicherungskopien sorgen, bei der analogen Lösung kann man durch Kopieren das auch bewerkstelligen. Es soll jetzt niemanden unterstellt werden, aber wenn das Verschwinden dieser Aufzeichnungen für andere Personen von juristischem Vorteil ist, dann muss man damit ggf. rechnen und davor sollen die Brandschutzbeauftragten geschützt werden.

5.1 Die mindestens 26 Aufgabenbereiche

Die Vorgabe „**VdS 3111**" kennt, wie auch die **DGUV Information 205-003** insgesamt, mindestens 26 Aufgaben, und auf Seite 11 der eben genannten VdS-Empfehlung stehen noch beispielhaft die Punkte 27 und 28, die ohne konkrete Beschreibung aufgeführt sind. Soll heißen, dass man den Brandschutzbeauftragen noch weitere Aufgaben übertragen kann und darf als diese immerhin sechsundzwanzig Aufgaben, so man das für passend, also sinnvoll und zielführend hält und so man das dem Brandschutzbeauftragten zeitlich, intellektuell und fachlich zumuten kann. So kann beispielsweise der Brandschutzbeauftragte auch für den Arbeitsschutz, den Strahlenschutz, die Entsorgung oder auch den Umweltschutz zuständig sein – so seine fachlichen Fähigkeiten, seine Ausbildung und sein zeitlicher Rahmen dies ermöglichen.

Andererseits kann man einem Brandschutzbeauftragen auch deutlich weniger Arbeiten aufbürden, so diese Arbeiten von anderen Personen erfüllt werden, nicht anfallen oder als wenig relevant eingestuft werden.

Die 26 Aufgaben, die man grundsätzlich auf Brandschutzbeauftragte übertragen kann und ggf. soll, lauten wie folgt und jeder Brandschutzbeauftragte sollte sich notieren, wann er welchen Punkt angegangen hat, wie die Erfolge waren, wer wie reagiert hat oder warum eben bestimmte Dinge nicht oder noch nicht angegangen worden sind (die nachfolgende Auflistung wird im Anschluss bezogen auf die Thematik dieses Artikels kommentiert):

1. Erstellen und Fortschreiben der Brandschutzordnung
2. Mitwirken bei Beurteilungen der Brandgefährdung an Arbeitsplätzen
3. Beraten bei feuergefährlichen Arbeitsverfahren und bei dem Einsatz brennbarer Arbeitsstoffe
4. Mitwirken bei der Ermittlung von Brand- und Explosionsgefahren
5. Mitwirken bei der Ausarbeitung von Betriebsanweisungen, soweit sie den Brandschutz betreffen
6. Mitwirken bei baulichen, technischen und organisatorischen Maßnahmen soweit sie den Brandschutz betreffen
7. Mitwirken bei der Umsetzung behördlicher Anforderungen und bei Anforderungen des Feuerversicherers, soweit sie den Brandschutz betreffen
8. Mitwirken bei der Einhaltung von Brandschutzbestimmungen bei Neu-, Um- und Erweiterungsbauten, Nutzungsänderungen, Anmietungen und Beschaffungen
9. Beraten bei der Ausstattung der Arbeitsstätten mit Feuerlöscheinrichtungen und Auswahl der Löschmittel
10. Mitwirken bei der Umsetzung des Brandschutzkonzepts (Anmerkung des Autors: So eines vorhanden ist!)
11. Kontrollieren, dass Flucht- und Rettungspläne, Feuerwehrpläne, Alarmpläne usw. aktuell sind, ggf. Aktualisierung veranlassen und dabei mitwirken
12. Planen, Organisieren und Durchführen von Räumungsübungen
13. Teilnehmen an behördlichen Brandschauen und Durchführen von internen Brandschutzbegehungen
14. Melden von Mängeln und Maßnahmen zu deren Beseitigung vorschlagen und die Mängelbeseitigung überwachen
15. Unterstützen der Führungskräfte bei den regelmäßigen Unterweisungen der Beschäftigten im Brandschutz
16. Aus- und Fortbilden von Beschäftigten mit besonderen Aufgaben in einem Brandfall, z. B. in der Handhabung von Feuerlöscheinrichtungen (Brandschutzhelfer gemäß ASR A2.2)
17. Prüfen der Lagerung und/oder der Einrichtungen zur Lagerung von brennbaren Flüssigkeiten und Gasen usw. (Anmerkung: Das ist insbesondere ein Abgleich mit der informativen und umfassenden wie umfangreichen, jedoch erst mal schwer zu verstehenden TRGS 510)
18. Kontrollieren der Sicherheitskennzeichnungen für Brandschutzeinrichtungen und für die Flucht- und Rettungswege
19. Überwachen der Benutzbarkeit von Flucht- und Rettungswegen
20. Organisation der Prüfung und Wartung von brandschutztechnischen Einrichtungen

21. Kontrollieren, dass festgelegte Brandschutzmaßnahmen insbesondere bei feuergefährlichen Arbeiten eingehalten werden
22. Mitwirken bei der Festlegung von Ersatzmaßnahmen bei Ausfall und Außerbetriebssetzung von brandschutztechnischen Einrichtungen
23. Unterstützen des Unternehmers bei Gesprächen mit den Brandschutzbehörden und Feuerwehren, den Feuerversicherern, den Unfallversicherungsträgern, den staatlichen Arbeitsschutzbehörden usw.
24. Stellungnahmen zu Investitionsentscheidungen, die Belange des Brandschutzes betreffen
25. Mitwirken bei der Implementierung von präventiven und reaktiven (Schutz) Maßnahmen im Notfallmanagement, z.B. für kritische Infrastrukturen (Stromausfall), für lokale Wetterereignisse mit Schadenpotenzial (extreme Hitze-/Kältewelle, Starkregen, Sturm, Hagel, Schneelast etc.)
26. Dokumentieren seiner Tätigkeiten im Brandschutz.

5.2 Kommentierende Wertung zu 25 der 26 Aufgabenbereiche

Es fällt auf, dass bei einigen der o. a. Punkte das Wort „mitwirken" und „unterstützen" enthalten ist. Diese juristisch schwammigen Worte zeigen nicht eindeutig die Grenzen und Übergänge, führen keine Zuständigkeiten und Verantwortlichkeiten vor und sind deshalb juristisch nicht belastbar. Nun steht es aber so im Text und zeigt, dass man eben mitwirken und unterstützen soll, aber wohl nicht allein oder gar federführend diese Themen angehen soll oder gar muss. Juristisch ist es so, dass jeder im Rahmen seiner Fähigkeiten und Tätigkeiten verantwortlich ist für alles Tun und ebenso für alle Unterlassungen (also Nicht-tun). Brandschutzbeauftragte sind beauftragt – verantwortlich sind alle, die irgendwelche Handlungen vornehmen oder eben nicht vornehmen oder vornehmen lassen.

Privat bzw. persönlich gesehen sind die beiden Worte mitwirken und unterstützen ja positiv zu sehen und so sind sie auch sicherlich gemeint. Aber das muss der Brandschutzbeauftragte eben auch herüberbringen, dass er anderen (eben den Verantwortlichen) behilflich ist bei bestimmten Aufgaben. Diese müssen einsehen, dass wir als Brandschutzbeauftragte sie unterstützen, ihnen helfen, Arbeiten abnehmen und damit dafür sorgen, dass der Betrieb ordnungsgemäß läuft und keine vorhersehbaren Probleme zu immensen Kosten oder gar menschlichem Leid führen.

Nachfolgend soll auf die **Dokumentation von 25 Punkten** (die Aufgaben des Brandschutzbeauftragten) eingegangen werden, denn ein Punkt erhält weiter hinten ein eigenes Unterkapitel (13.3, Dokumentieren):

Zu 1 (Erstellen und fortschreiben der Brandschutzordnung): Wir halten also fest, ob es bereits eine BSO gibt im Unternehmen und wenn „nein", dann beginnen wir, eine zu schreiben. Dazu holen wir uns Unterstützung von der Feuerversicherung und der Berufsgenossenschaft, ggf. sehen wir in die DIN 14096 und erstellen eine Brandschutzordnung „B" – der Teil A ist ja ein trivialer, absolut vorgegebener Aushang, den wir von der BG oder der Feuerversicherung kostenlos in der Stückzahl erhalten, wie wir ihn benötigen. Der Teil B wird also von uns erstellt, dann mit der Firmenleitung und dem Betriebsrat konstruktiv diskutiert, wohl im Rahmen einer ASA-Sitzung. Alle zwei Jahre überprüfen wir (bei Veränderungen auch früher), ob dieser Teil noch aktuell ist und wenn „ja", werden diese neu eingearbeitet. Wir erstellen dann die BSO-B, verteilen diese und stellen sie bei Unterweisungen auch vor und wir dokumentieren diese Punkte. Gleiches gilt für den Teil C, der ebenfalls erstellt, übergeben und vorgestellt wird. Und wir halten fest, wer zum Teil C gehört (Kündigungen beachten!) und wann wir diesen Personen ihre besonderen Aufgaben vorgestellt haben.

Zu 2 (Mitwirken bei Beurteilungen der Brandgefährdung an Arbeitsplätzen): Hier ist das Positive, dass wir Brandschutzbeauftragte zwar mitwirken sollen, dies aber nicht federführend erstellen. Das halten wir fest, wann wir von wem – z. B. im Rahmen einer neuen Anlage, die aufgestellt wird – über was informiert wurden und welche Punkte wir eingebracht haben.

Zu 3 (Beraten bei feuergefährlichen Arbeitsverfahren und bei dem Einsatz brennbarer Arbeitsstoffe): Wer jemandem einen Rat gibt, empfiehlt etwas, aber andere sind die Aktiven und damit die Verantwortlichen. Wir sehen in die TRGS 600 (Substitution von Gefahrstoffen) oder fragen einen Chemie- oder Verfahrensingenieur, wenn wir fachlich nicht mithalten können und versuchen, die nötige Menge an brennbaren Flüssigkeiten und explosiven Gasen zu minimieren. Alternativ gibt es eben Absauganlagen, unzerbrechliche Behälter, besondere Unterweisungen, eigene Lager und Betriebsanweisungen; weitere gute, sinnvolle und konkrete Maßnahmen können u. a. der TRGS 800 entnommen werden.

Zu 4 (Mitwirken bei der Ermittlung von Brand- und Explosionsgefahren): Hier nehmen wir uns die Lieferanten von Gerätschaften, Anlagen, Reaktoren und zu verarbeitenden Stoffen (Gase, Flüssigkeiten, Feststoffe) mit in die Beurteilung und ggf. auch in die Verantwortung. Ein „normaler" Brandschutzbeauftragter ist hier fachlich schnell jenseits seiner Grenzen – woher soll er denn über die Gefahr einer komplexen Anlage Bescheid wissen? Da ist der Hersteller oder Inverkehrbringer natürlich besser involviert.

Zu 5 (Mitwirken bei der Ausarbeitung von Betriebsanweisungen, soweit sie den Brandschutz betreffen): Betriebsanweisungen sind immer dann nötig, wenn sonst möglicherweise eine gefährliche Situation entstehen kann. Hier ist also die Zusammenarbeit mit der Fachkraft für Arbeitsschutz sinnvoll und diese Person dann auch federführend. In Bereichen, wo keine Brandgefahr durch „normales" Verhalten entsteht, braucht man demnach keine solche Anweisungen oder dort, wo lediglich qualifiziertes und gut unterwiesenes Personal arbeitet. Doch auch Dritte und Reinigungsfachkräfte sind entsprechend zu unterweisen.

Zu 6 (Mitwirken bei baulichen, technischen und organisatorischen Maßnahmen, soweit sie den Brandschutz betreffen): Hier geht es nun um Neu- und Umbauarbeiten und dabei um die brandschutztechnischen Anforderungen. Diese entnehmen wir den Bauvorgaben und damit muss ein Brandschutzbeauftragter umgehen können – auch wenn er nur acht Unterrichtseinheiten „Baulicher Brandschutz" über sich in seiner Ausbildung hat ergehen lassen. Auch die technischen Anforderungen sind den Bauordnungen und den nachfolgenden Vorgaben sowie den Versicherungsvorgaben zu entnehmen bzw. dort zu erfragen. Die organisatorischen Maßnahmen des Brandschutzes wiederum sind größtenteils in den anderen Punkten enthalten und nicht in diesem Punkt 6; eine Ausnahme bilden die unterschiedlichen und teilweise auch organisatorischen Forderungen der Industriebau-Richtlinie wie:

- Geeignete Handfeuerlöscher (d.h. – vgl. ASR A2.2 – der Löschmittelschaden von ABC-Pulver ist mit bei der Auswahl zu berücksichtigen).
- Ab 1.600 m^2/Raum werden Wandhydranten gefordert.
- Ab einer Fläche von 2.000 m^2 je Etage werden Feuerwehrpläne für Löscheinsätze gefordert.
- Ab 5.000 m^2 wird ein Brandschutzbeauftragter gefordert, der entsprechende Aufgaben übernimmt und diese Person ist dann auch namentlich den für den Brandschutz zuständigen Behörden bekannt zu geben als Ansprechpartner.
- Ab 2.000 m^2 fordert die Industriebau-Richtlinie eine Brandschutzordnung; es wird wohl so sein, dass dies der Feuerversicherer privatrechtlich schon deutlich früher fordert und die BG ohnehin.
- Die Belegschaft in einer Industriehalle (egal, ob dort gelagert wird oder ob man dort produziert) muss vor Arbeitsbeginn und dann mindestens alle 2 Jahre brandschutztechnisch unterwiesen werden, und das muss die Leitung der Halle (z.B. Produktionsleiter) übernehmen, kann das dann logischerweise vom Brandschutzbeauftragten durchführen lassen – doch dieser muss ihm eben nachweislich sagen, dass das gefordert wird (!)
- Spätestens ab 30.000 m^2 wird eine Funktechnik für die Feuerwehr gefordert.
- Treppen und Flure müssen freigehalten werden und das kontrolliert der Brandschutzbeauftragte; die jeweiligen Vorgesetzten werden informiert, wenn es hier Probleme gibt und diese müssen dann für die Umsetzung und das zukünftig korrekte Verhalten sorgen.
- u.a.m.

Zu 7 (Mitwirken bei der Umsetzung behördlicher Anforderungen und bei Anforderungen des Feuerversicherers, soweit sie den Brandschutz betreffen): Hier wird nun natürlich erwartet, dass der Brandschutzbeauftragte auch Einsicht in entsprechende Briefe und Stellungnahmen bekommt und auch in die Versicherungsverträge und Auflagen – nur dann kann er die den Brandschutz betreffenden Dinge auch kennen und analytisch auf das Unternehmen und dessen Bereiche umlegen.

Zu 8 (Mitwirken bei der Einhaltung von Brandschutzbestimmungen bei Neu-, Um- und Erweiterungsbauten, Nutzungsänderungen, Anmietungen und Beschaffungen): Hier findet nun eine Überschneidung mit Punkt 6 statt und eigentlich ist der Architekt und dessen Brandschutz-Fachplaner in der Verantwortung, diese Punkte umzusetzen. Man arbeitet also bei Neu-, Um- und Anbauarbeiten als Brandschutzbeauftragter mit diesen zusammen und gibt ihnen ggf. noch weitere Informationen, damit weder ein Minimum, noch ein Maximum an Brandschutz umgesetzt wird – sondern eben das vernünftige Optimum.

Zu 9 (Beraten bei der Ausstattung der Arbeitsstätten mit Feuerlöscheinrichtungen und Auswahl der Löschmittel): Die ASR A2.2 fordert, dass Löschmittelschäden berücksichtigt werden bei der Auswahl und das bedeutet, dass man mit Kohlendioxid eben keine Personen gefährdet (Faustregel: 1 kg CO_2 für 5,5 m^2 Bodenfläche; die Raumhöhe ist nicht relevant, lediglich die nicht zugestellte Raumfläche in m^2) und dass man mit dem hoch korrosiven ABC-Löschpulver keine weiteren bzw. unverhältnismäßig großen Schäden anrichtet.

Zu 10 (Mitwirken bei der Umsetzung des Brandschutzkonzepts): Wenn es überhaupt ein Brandschutzkonzept gibt (meist erst bei Gebäuden ab ca. Baujahr 2000), dann muss der Brandschutzbeauftragte natürlich dieses kennen, gelesen haben und diesen theoretischen Soll-Stand mit dem gelebten Ist-Stand abgleichen und ggf. nachbessern bzw. darauf hinweisen, dass es eine gewisse Diskrepanz gibt.

Zu 11 (Kontrollieren, dass Flucht- und Rettungspläne, Feuerwehrpläne, Alarmpläne usw. aktuell sind, ggf. Aktualisierung veranlassen und dabei mitwirken): Das ist eine Aufgabe, die wesentlich im Brandschutz ist. Jedoch ist der Brandschutzbeauftragte hier mit der Kontrolle beauftragt, nicht mit der Umsetzung – das müssen (müssen!) die jeweiligen Verantwortlichen je Bereich hinbekommen und so auch der Belegschaft vermitteln.

Zu 12 (Planen, Organisieren und Durchführen von Räumungsübungen)[1]: Die deutschlandweit gültige Arbeitsstättenverordnung ist für alle Arbeitsstätten zuständig, egal ob Hotel, Versammlungsstätte, Produktionsbereich, Büro, Tierkörperverwertung, Krankenhaus, Logistik oder was auch immer. „Regelmäßig" werden Räumungsübungen gefordert und was „regelmäßig" ist, wird nicht definiert. Hier steht nun also nicht „mitwirken" oder „beraten", sondern „Planen und Durchführen". Wenn es mal einen Fehlalarm mit nachfolgender Räumung gegeben hat, so kann dies als Übung angesehen werden, d. h. dann ist natürlich keine weitere Übung in der nächsten Zeit nötig. Ob „regelmäßig" einmal im Jahr oder alle 5 Jahre ist, wird nicht weiter definiert. Bekannt ist jedoch deutschlandweit, dass es viele Behörden gibt, die seit ihrer Gründung Ende der 1940er Jahre keine einzige Räumungsübung durchgeführt haben – dies ist einerseits mehr als bedenklich, andererseits keine Entschuldigung, es selber so lasch anzugehen (!).

Zu 13 (Teilnehmen an behördlichen Brandschauen und Durchführen von internen Brandschutzbegehungen): Wenn sich eine Behörde anmeldet, eine Begehung in Richtung Sicherheit oder Brandschutz durchzuführen (wozu Behörden berechtigt und teilweise auch verpflichtet sind), dann soll natürlich der Brandschutzbeauftragte dabei sein. Nur so kann man Kontakte knüpfen, die Begründungen für Einstufungen nachvollziehen und sich austauschen.

Zu 14 (Melden von Mängeln und Maßnahmen zu deren Beseitigung vorschlagen und die Mängelbeseitigung überwachen): Verantwortlich sind andere Personen, wir weisen auf bestimmte brandschutztechnisch notwendige Maßnahmen – mit entsprechender Argumentation – hin und halten das schriftlich fest.

---

1 Siehe auch Friedl, Hersche: Gebäuderäumungen, Erich Schmidt Verlag, Berlin (2022) 978-3-503-20032-0.

Zu 15 (Unterstützen der Führungskräfte bei den regelmäßigen Unterweisungen der Beschäftigten im Brandschutz): Das ist eine schöne und sinnvolle Aufgabe für uns Brandschutzbeauftragte, die Belegschaft zu unterweisen in Richtung Brandschutz und zwar präventiv und kurativ. Was getan werden muss und darf und was nicht und warum und welche Konsequenzen das ggf. haben kann, all das muss vermittelt werden, damit es zur Einsicht kommt. Das sind meist triviale Dinge wie Raucherverhalten, Umgang mit Elektrogeräten, Fluchtwege freizuhalten, Handfeuerlöscher, Verhalten im Brandfall usw. Und diese jährlich geforderten Schulungen müssen die Vorgesetzten einleiten, wir Brandschutzbeauftragte können sie halten und dies möglichst mit jährlich abwechselnden Themen.

Zu 16 (Aus- und Fortbilden von Beschäftigten mit besonderen Aufgaben in einem Brandfall, z. B. in der Handhabung von Feuerlöscheinrichtungen; Brandschutzhelfer gemäß ASR A2.2): Brandschutzbeauftragte sollen und dürfen die nötigen Brandschutzhelfer ausbilden. Dies soll nach der DGUV Information 205-023 erfolgen und mindestens einen halben Tag dauern, möglichst einen Tag. Eine Übung mit Handfeuerlöschern (da kann die Firma behilflich sein, die für die Wartung zuständig ist, oder auch am Land eine freiwillige Feuerwehr) ist zwingend erforderlich und man kann – um die Wichtigkeit und Ernsthaftigkeit zu untermauern – auch eine kleine Abschlussprüfung halten; dadurch passen die Leute besser auf, denn niemand will als „durchgefallen" vor den anderen dastehen. Man macht die Erfahrung, dass die Teilnehmer dann besser aufpassen und ernsthafter zuhören – somit hat man den Sinn der Schulung erreicht.

Zu 17 (Prüfen der Lagerung und/oder der Einrichtungen zur Lagerung von brennbaren Flüssigkeiten und Gasen usw.): Hier kann es zu schlimmen Bränden und Explosionen kommen und deshalb ist es besonders wichtig, dass hier ein sinnvolles Optimum erreicht wird in Richtung Brand- und Explosionsschutz. Toleranz gegenüber gefährdendem Verhalten wäre hier völlig fehl am Platz! Die TRGS 509 für die Lagerung in ortsfesten Anlagen und TRGS 510 für die Lagerung in mobilen Behältern (Gasflaschen, Ölfässer, ...) helfen dem Brandschutzbeauftragten zu zeigen, was möglich und sinnvoll ist.

Zu 18 und 19 (Kontrollieren der Sicherheitskennzeichnungen für Brandschutzeinrichtungen und für die Flucht- und Rettungswege; Überwachen der Benutzbarkeit von Flucht- und Rettungswegen): Auch das macht jeder Brandschutzbeauftragte ganz einfach dadurch, dass er ja regelmäßig das Unternehmen abgeht und es eben mit der Brille des Brandschutzbeauftragten betrachtet. Dabei fallen Mängel auf, die festgehalten und deren Abstellung eingeleitet wird.

Zu 20 (Organisation der Prüfung und Wartung von brandschutztechnischen Einrichtungen): Meistens können oder dürfen Brandschutzbeauftragte bestimmte anlagentechnische Einrichtungen nicht Warten, aber sie können bzw. müssen dafür sorgen, dass dies eben Berechtigte tun; diese Personen können intern oder ggf. extern sein.

Zu 21 (Kontrollieren, dass festgelegte Brandschutzmaßnahmen insbesondere bei feuergefährlichen Arbeiten eingehalten werden): Jeder, der feuergefährliche Arbeiten selber durchführt oder durchführen lässt, muss wissen, welche Gefahren dabei entstehen und welche präventiven und kurativen Vorsorge- und Gegenmaßnahmen üblich oder von der BG und der Feuerversicherung gefordert sind. Der Brandschutzbeauftragte kann schriftlich belegen, dass er das vermittelt hat und er muss lt. Punkt 21 dies eben auch mal kontrollieren.

Zu 22 (Mitwirken bei der Festlegung von Ersatzmaßnahmen bei Ausfall und Außerbetriebssetzung von brandschutztechnischen Einrichtungen): Hier macht man eine kurze Analyse, was ausfallen kann und welche negativen Folgen das mit sich bringen kann (kann, nicht muss). Die realistische Einstufung ist hierbei relevant und nicht unreale Szenarien. Nun muss man mit anderen gemeinsam überlegen, ob die Produktion eingestellt werden muss (z. B. bei Lackierarbeitsplätzen, wenn die Entlüftung ausfällt) oder ob man normal weiterarbeiten kann oder andere, besondere Maßnahmen zu treffen hat.

Zu 23 (Unterstützen des Unternehmers bei Gesprächen mit den Brandschutzbehörden und Feuerwehren, den Feuerversicherern, den Unfallversicherungsträgern, den staatlichen Arbeitsschutzbehörden usw.): Das deckt sich teilweise mit dem Punkt 13. Es ist klar, dass Brandschutzbeauftragte sich hier besonders einbringen können, hoffentlich auch wollen und sollen.

Zu 24 (Stellungnahmen zu Investitionsentscheidungen, die Belange des Brandschutzes betreffen): Dies kann den Austausch der Handfeuerlöscher betreffen, oder auch die Anschaffung einer Brandmeldeanlage oder einer Brandlöschanlage. Insbesondere Kosten im 5- und 6-stelligen Bereich müssen natürlich geplant, ruhig diskutiert und ggf. über einen längeren Zeitraum angegangen werden.

Zu 25 (Mitwirken bei der Implementierung von präventiven und reaktiven (Schutz) Maßnahmen im Notfallmanagement z. B. für kritische Infrastrukturen (Stromausfall), für lokale Wetterereignisse mit Schadenspotenzial wie extreme Hitze-/Kältewelle, Starkregen, Sturm, Hagel, Schneelast etc.): Hier muss nun erst mal eruiert werden, wie weit es so ein Krisenmanagement bereits gibt, ob es sinnvoll oder gar nötig ist aufgrund der Unternehmensart oder der Standortauswahl. Als nächstes kommt natürlich die Überlegung, ob sich der Brandschutzbeauftragte hier überhaupt sinnvoll einbringen kann, denn solche Katastrophenüberlegungen gehören ins Krisenmanagement und dieser Kreis kann sich dann ggf. dem Brandschutzbeauftragten zuwenden, um ihn konkret einzubinden. In der Praxis wird dieser Punkt 25 wohl eher nicht besetzt werden.

Zu 26 (Dokumentieren seiner Tätigkeiten im Brandschutz) geht das Kapitel 13 (Tagebuch des BSB) ein.

Das waren die wesentlichen Punkte und Begründungen zur Dokumentation der Arbeit eines Brandschutzbeauftragten. Die Geschäftsleitung soll bzw. muss sich für diese Arbeiten interessieren, die Feuerversicherungen können sich dafür interessieren und die Staatsanwaltschaft wird sich nach entsprechend verlaufenden Bränden auch dafür interessieren. In allen drei genannten Fällen ist es für den Brandschutzbeauftragten positiv, viel und vieles seiner gemachten Tätigkeiten belegen zu können.

5.3 Zusammenarbeit

Jeder extrem erfolgreiche Sportler (Hans Kammerlander, Boris Becker, Oliver Kahn, Nicki Lauda...) benötigt neben einer gehörigen Portion Glück zwei Dinge: Erstens besonderes Talent als Grundvoraussetzung und zweitens gute Leute (Trainer, Mäzene, Partner, Freunde, Unterstützer, Familie), die hinter und zu ihm stehen. Uns Brandschützern geht es ähnlich; nun müssen wir keine Ausnahmemenschen wie die o. a. Sportlegenden sein, einfach etwas Fleiß, Fachwissen und Intelligenz brauchen wir aber schon. Und dann – mindestens ebenso wichtig – brauchen wir Menschen, die uns und die Sache (also den Brandschutz) verstehen, mögen, unterstützen. Das sind im Idealfall alle, also die Belegschaft, die Vorgesetzten, die Fachkraft für Arbeitsschutz, der Betriebsrat und die Angestellten von Versicherungen, Berufsgenossenschaften und Beamte. Die brauchen wir, die müssen wir überzeugen. Der Brandschutz steht im Mittelpunkt, nicht Personen oder Positionen. Wir wollen nicht Recht haben, wir wollen, dass Recht umgesetzt wird.

Damit will ich sagen: Sehen Sie alle anderen als Partner, nicht als Gegner. Auch in Ihrer privaten Partnerschaft gibt es Konflikte, die man mit Argumenten, Nachgeben und auch mal Bestehen auf einer Position hinbekommt – oder man hat es eben nicht drauf und bekommt nichts geregelt...

5.4 Fragen zum Kapitel

1. Darf ein Brandschutzbeauftragter auch als Ersthelfer, Brandschutzhelfer oder Evakuierungsbeauftragter arbeiten?
   a) Ja, das kann Sinn machen.
   b) Nein
   c) Ja, das ist sogar so vorgegeben.
   d) Nur, wenn er als Führungsperson eingesetzt ist.
2. Was ist keine der 26 Aufgaben für einen Brandschutzbeauftragten?
   a) Feuer-Versicherungsverträge abschließen.
   b) Feuer-Versicherungsklauseln ausarbeiten.
   c) Eine Berufsgenossenschaft mit günstigen Prämien oder niedrigen Forderungen wählen.
   d) Arbeitsschutz umsetzen
3. Wer braucht eine Brandschutzordnung?
   a) Verwaltungsbehörden
   b) Kindertagesstätte
   c) Lebensmittel produzierende Unternehmen
   d) Porzellanladen ohne brennbare Verpackungen
4. Der Punkt 3 fordert, dass der Brandschutzbeauftragte das Unternehmen bei feuergefährlichen Arbeitsverfahren und beim Einsatz brennbarer Arbeitsstoffe berät. Überlegen Sie sich zwei feuergefährliche Arbeitsverfahren und zwei Einsatzbereiche brennbarer Arbeitsstoffe sowie dazu jeweils sinnvolle Maßnahmen, die die Brandgefahren minimieren.

5. Wann braucht man Flucht- und Rettungswegepläne?
   a) Wenn es die Lage erfordert.
   b) Wenn es die Ausdehnung erfordert.
   c) Wenn es die Art der Nutzung erfordert.
   d) Wenn es behördlich angeordnet ist, in der zuständigen Bauordnung steht oder im Brandschutznachweis gefordert wird.
6. Punkt 12 fordert, dass Brandschutzbeauftragte Räumungsübungen planen, organisieren und durchführen. Wie häufig muss das sein?
   a) Einmal im Jahr
   b) Alle 2 Jahre
   c) Alle 4 Jahre
   d) In regelmäßigen Abständen
7. Punkt 15 fordert, dass Führungskräfte vom Brandschutzbeauftragten unterstützt werden bei der regelmäßigen Unterweisung der Beschäftigten im Brandschutz. Welche zwei Hauptpunkte würden Sie hier in Ihre Unterweisung einbauen bei den nachfolgenden vier unterschiedlichen Bereichen?
   a) EDV
   b) Büro
   c) Schlosserei
   d) Logistik
8. Welche der nachfolgenden Aussagen ist/sind zu Flucht- und Rettungswegen falsch?
   a) Fluchtwege müssen mindestens 120 cm breit sein
   b) Der erste und der zweite Fluchtweg müssen bei gewerblichen Immobilien immer baulich gegeben sein
   c) Die Fluchtwege 1 und 2 dürfen beide aus Leitern mit Rückenschutz bestehen, wenn keine Personen beschäftigt sind, die in ihrer Mobilität beeinträchtigt sind
   d) Innenliegende Treppenräume benötigen immer eine Notbeleuchtung, so sie den ersten oder den zweiten Fluchtweg darstellen
9. Welche brandschutztechnischen Maßnahmen würden Sie für ein Gebäude mit 751 m^2 Grundfläche für überzogen oder gar falsch halten, wenn der Keller eine Tiefgarage, Lagerräume und die Heizung enthält, im Erdgeschoss eine Kantine und Besprechungsräume liegen und in den beiden darüber liegenden Ebenen Büros sind?
   a) Sprinklerschutz
   b) PS-Wärmedämmung gegen Steinwolle austauschen
   c) Zweiten Fluchtweg baulich stellen
   d) ABC-Dauerdruck-Handfeuerlöscher
10. Welche Aufgabe/n kann ggf. vom Brandschutzbeauftragten nicht erfüllt werden?
   a) Erstellen eines Brandschutzkonzepts
   b) Prüfung der Sprinkleranlage
   c) Prüfung der Brandschutzordnung
   d) Wartung der Handfeuerlöscher.

6 Die Brandschutzordnung

Unternehmen benötigen eine Brandschutzordnung, sonst wird nach einem Schadenfall schnell grobe Fahrlässigkeit unterstellt. Diese sollte nach einer DIN erstellt werden, denn es gibt nichts anderes, besseres. Das ist die DIN 14096, diese wurde vor wenigen Jahren überarbeitet. Am Teil A hat sich nichts geändert. Für den Teil B gilt jetzt, dass dieses „Merkblatt" als Broschüre oder elektronisch vorliegen darf. Der Teil C muss jetzt in ausgedruckter Form vorliegen. Wichtig ist, dass man von jedem aus der Belegschaft eine Empfangsbestätigung (Unterschrift) hat, die Brandschutzordnung erhalten zu haben (und damit verbunden natürlich, dass man sie liest und einhält). Das Format darf in DIN A 4, in DIN A 5 oder auch in DIN A 6 sein. Symbole, Schrift, Gestaltung sind – anders als bei dem Teil A der Brandschutzordnung – nicht vorgegeben, allerdings muss der Text eindeutig und leicht verständlich sein. Der Teil B darf auch – in abgesetzter Form (und anders als der Teil A) – Fremdsprachen enthalten.

6.1 Teil A

Dieser Teil ist ein Aushang, der für **alle im Gebäude befindliche Personen** gedacht ist: Belegschaft, Pizzalieferant, Fremdhandwerker, Besucher usw. Der Teil A ist ein trivialer und eigentlich überall gleicher Aushang im DIN A 4-Format, der in einer Sprache zwar triviale, aber dafür umso elementar wichtige Dinge vorgibt. Form, Gestalt, Schrift und Texte sind absolut vorgegeben, Veränderungen sind nicht üblich und höchstens im Weglassen des Symbols für Wandhydranten (so man keine hat) möglich oder indem man (um eine Amtsleitung zu erhalten) anstatt der Telefonnummer „112" einfach „0112" hinschreibt. Ob man die alten oder neuen Symbole verwendet, spült Geld in die Taschen der Schildhersteller und bringt wenig begabte Kollegen der kontrollierenden Seite dazu, zweitklassige Mängelberichte zu schreiben – aber die Sicherheit wird dadurch definitiv nicht erhöht. So sieht der Teil A aus, den es bitte in ausreichend vielen Sprachen gibt (Abb. 2).

Quelle: Phoenix Brandschutz GmbH

Abb. 2: Aushang Brandschutzordnung Teil A

Der Teil A ist zu fast 100% identisch in allen Unternehmen.

Hier in der Abbildung 3 sieht man jetzt die alten DIN-Symbole – diese darf man weiterverwenden, wenn sie konsequent überall im Unternehmen (Fluchtwegepläne, Brandschutzordnung, Fluchtwegkennzeichnung...)

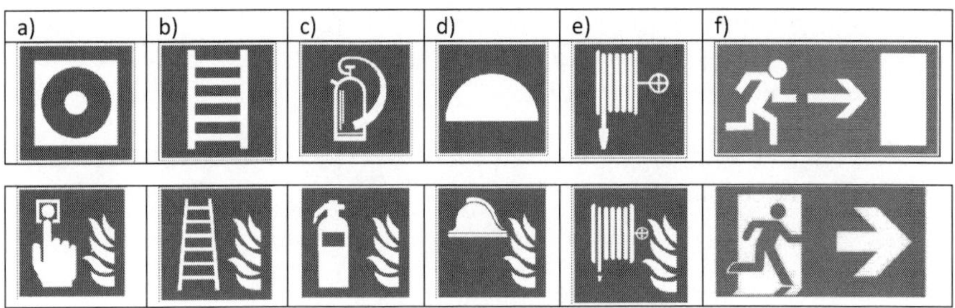

Quelle: Phoenix Brandschutz GmbH

Abb. 3: Piktogramme im Brandschutz

vorhanden sind. Wenn man aber irgendwo neue Piktogramme hat, dann sollte man überall auf diese umstellen. Oberhalb in Abb. 3 sieht man die relevanten alten und neuen Piktogramme.

Während es eine deutliche Verbesserung bei den Symbolen a), b) und d) gab, sind die Veränderungen bei c), e) und f) für jeden durchschnittlich intelligenten Menschen wenig sinnvoll. Bei a) erkennt man jetzt klar, dass ein Zeigefinger einen Knopf drückt und durch die Flammen an der Seite wird auch ersichtlich, dass es sich um einen Brandalarm handelt. Bei b) wird ein anleiterbares Fenster (früher wohl mit einem Badezimmer-Heizkörper zu verwechseln) angezeigt (Abb. 3). Das Symbol für Handfeuerlöscher wurde unwesentlich verändert, ist nach wie vor erkennbar und das Symbol für „Brandschutztechnische Einrichtungen" wurde verändert, aber nicht verbessert – gleiches gilt für das grünweiße Fluchtweg-Piktogramm, wo das Strichmännchen jetzt grün in der Tür und nicht mehr weiß neben der Tür abgebildet wurde und seine Ferse ist abgerundet (!).

6.2 Teil B

Dieser Teil ist gedacht für Personen, die sich „**nicht nur vorübergehend**" in einem Gebäude aufhalten, also die Belegschaft, Mieter und ggf. regelmäßig hier tätige Fremdhandwerker. Das Unternehmen muss durch den Brandschutzbeauftragten sicherstellen, dass der Teil B wie die gesamte Brandschutzordnung stets aktuell gehalten ist und die nachfolgend aufgeführten Punkte a)–l) enthält; so wenig wie möglich, so viele wie nötig und möglichst keine Prosatexte, sondern eine stichpunktartige Informationsvermittlung:

a) Einleitung
   - Allgemeines
   - Erläuterungen
   - Geltungsbereich
   - Inkraftsetzung
   - Personenkreis

b) Dieser Teil der Brandschutzordnung entspricht dem Teil A (siehe 6.1)

c) Brandverhütung
  - Rauchverbot
  - Kein Feuer/offene Flamme
  - Keine offenen Zündquellen
  - Brennbare Abfälle
  - Elektrische Geräte
  - Gasbetriebene Geräte
  - Sonstige Zündquellen
  - Weitere Sicherheitsbestimmungen
  - Schutzmaßnahmen vor, bei und nach Feuerarbeiten
  - Schutzmaßnahmen bei EX-gefährlichen Stoffen

d) Brand- und Rauchausbreitung
  - Rauch-/Feuerschutzabschlüsse
  - Entrauchungsanlagen
  - Keine Anhäufung brennbarer Gegenstände

e) Flucht- und Rettungswege
  - Flucht-/Rettungswege ständig freihalten
  - Feuerwehrflächen ständig freihalten
  - Feuerlöscher, Rettungswegzeichen, Handfeuermelder und Sicherheitshinweise nicht verdecken

f) Melde- und Löscheinrichtungen
  - Hinweis auf Handfeuermelder/Telefon
  - Meldestellen
  - Telefonnummern
  - Wandhydranten
  - Feuerlöscher
  - Löschdecken
  - Notduschen

g) Verhalten im Brandfall
  - Kein unüberlegtes Handeln
  - Fehlverhalten meiden
  - Panik vermeiden

h) Brand melden (5 W-Fragen)
  - Wer meldet?
  - Was ist passiert?
  - Wie viele sind verletzt/brauchen Hilfe?
  - Wo ist es passiert?
  - Warten auf Rückfragen

i) Alarmsignal/Anweisung beachten
  - Hinweise und Erläuterungen zu optischen und akustischen Signalen
  - Wer ist weisungsbefugt im Brandfall vor Eintreffen der Feuerwehr?
  - Die Feuerwehr ist nach deren Eintreffen weisungsbefugt

j) In Sicherheit bringen
   - Gefährdete, Behinderte, Verletzte retten
   - Verhalten bei verrauchten Fluchtwegen
   - Fluchtwegschilder, 1. Hilfe, Sammelstelle
   - Gefahrenbereich verlassen
   - 1. und 2. Fluchtweg
   - Aufzüge nicht benutzen

k) Löschversuche unternehmen
   - Nur ohne Eigengefährdung
   - Löschen brennender Personen

l) Besondere Verhaltensregeln
   - Zusätzliche Angaben zu besonderen Sachwerten
   - Ggf. nötige Angaben zu besonderen Arbeitsmaschinen
   - Wichtige Hinweise für den Einsatz bestimmter Löschmittel
   - Sonstige hier individuell wichtige, zusätzliche und ggf. nötige Angaben, um Brände zu verhindern oder sie sicher zu löschen und um Personengefährdungen zu vermeiden

Eventuell entfällt ein Punkt, oder man fügt weitere Unterpunkte ein – ganz, wie es individuell richtig ist, Sinn macht. Nicht der ist gut, der eine BSO-B über 85 und mehr Seiten erstellt, sondern der, der sie kurz gehalten hat und die Inhalte nachweislich allen vermittelt worden sind.

6.3 Teil C

Der Teil C ist für Personen, die in **Notsituationen** (das können Brände sein, aber auch Bombenwarnungen u. a. m.) besondere Aufgaben zu übernehmen haben – also in der Regel der obere Führungskreis, die Verantwortlichen. Für den Teil C gilt neuerdings, dass er in Papierform vorzuliegen hat; auch hier ist eine Empfangsbestätigung nötig. Das Format darf DIN A4, DIN A5 oder DIN A6 betragen und für ggf. nötige Pläne auch größer, bis zu DIN A3. In der graphischen Gestaltung des Teils C ist man frei und Symbole sind auch erlaubt. Der Teil C ist individuell zu erstellen, der Text muss eindeutig und verständlich sein und auch dieser Teil muss natürlich immer aktuell gehalten werden. Der Inhalt ist in der Struktur, analog dem Teil B, vorgegeben:

a) Einleitung
   - Allgemeine Erläuterungen zur BSO
   - Geltungsbereich
   - Inkraftsetzung
   - Datum
   - Unterschrift
   - Personenkreis

b) Brandverhütung

Verantwortliche für die nachfolgenden Aufgaben benennen und die Aufgaben und Tätigkeitsbereich beschreiben wie z. B.:

- Brandschutzbestimmungen im laufenden Betrieb, bei Veranstaltungen, Nutzungsänderungen, Neubauten
- Überwachen von Brandschutzeinrichtungen, Feuerwehrflächen, Rettungswege
- Hinweis- und Sicherheitsschilder überwachen, aktuell halten
- Feuerarbeiten genehmigen
- Feuer- und EX-gefährdete Bereiche überwachen
- Rauchverbot überwachen
- Feuerwehrpläne, BSO und Fluchtwege aktuell halten
- Beschäftigte unterweisen (lassen)
- Räumungsübungen durchführen (lassen)
- Zusammenarbeit mit Feuerwehr und Schadenversicherer

c) Meldung und Alarmierungsablauf
- Hilfskräfte alarmieren (Feuerwehr, Arzt, Rettungsdienst, Polizei, ...)
- Hausalarm auslösen
- Bestimmte Personen (Geschäftsleitung, Brandschutzbeauftragte ...) informieren
- Verantwortung zur Alarmaufhebung übernehmen

d) Sicherheitsmaßnahmen für Lebewesen und Sachwerte
- Räumung durchführen und überprüfen
- Ortsunkundige, Behinderte und verletzte betreuen
- Betriebsunterbrechung anordnen
- Ggf. bestimmte Sachwerte bergen
- Ggf. technische Anlagen außer Betrieb setzen
- Ggf. sicherheitstechnische Anlagen aktivieren (RWA, Notstrom)

e) Löschmaßnahmen
- Aufgaben der Selbsthilfekräfte festlegen
- Manuelle Löschanlagen aktivieren
- Löschwasserrückhaltevorrichtung schließen
- Welche Feuerlöscher sind gut/uneffektiv/schädlich/gefährlich?

f) Vorbereitung für den Einsatz der Feuerwehr
- Brandstelle frei machen
- Umgebung freihalten
- Lotsen aufstellen
- Stell-, Anfahr- und Bewegungsflächen für die Feuerwehr freihalten
- Geeigneten Ansprechpartner für die Feuerwehr bereitstellen
- Zugang und Zufahrt ermöglichen
- Pläne, Schlüssel und sonstige notwendige Informationsmittel bereitstellen

g) Nachsorge
- Sicherung der Brandstelle
- Wiederherstellen der Einsatzbereitschaft von Brandschutzeinrichtungen

h) Anhang
- Pläne
- Zeichnungen

- Funktionsbezogene Merkblätter
- Checklisten.

Manchmal kann es zu Schwierigkeiten kommen, weil die Vorgesetzten sich nicht dem Teil C zuordnen lassen wollen; hier muss man mit sanftem Druck auf sie einwirken und diesen Personen erklären, dass das Klientel, das in normalen Zeiten der Produktion das Sagen haben, dies auch bzw. gerade in Notsituationen haben und nicht anderen überlassen dürfen. Oder so: Der Teil C ist für den oberen Führungskreis gedacht – ob diese Personen das nun wollen oder nicht, sie haben im Normalfall und besonders im Brandfall das Sagen!

6.4 Fragen zum Kapitel

1. Wo findet man Informationen zum Erstellen einer Brandschutzordnung?
   a) ASR
   b) DIN
   c) VdS
   d) TR
2. Welche Teile einer Brandschutzordnung sind in einem produzierenden Unternehmen gefordert?
   a) 1
   b) 2
   c) 3
   d) 4
3. An wen richtet sich der Teil C der Brandschutzordnung?
   a) So einen Teil gibt es nicht.
   b) An alle Personen mit besonderen Aufgaben im Brandfall
   c) An die gesamte Belegschaft
   d) An externe Personen
4. Welche Priorität hat der Austausch von Piktogrammen in der Brandschutzordnung, wenn diese überarbeitet worden sind?
   a) Höchste Priorität
   b) Hohe Priorität
   c) Eine eher geringe Priorität
   d) Es gibt keine Piktogramme in der Brandschutzordnung.
5. Wann ist der Teil B der Brandschutzordnung gut?
   a) Wenn so wenig wie möglich, aber so viel wie nötig drinsteht.
   b) Wenn man Stichpunkte oder Piktogramme anstatt Prosatexte verwendet.
   c) Wenn dieser Teil den Umfang einer DIN A 4 Seite nicht überschreitet.
   d) Wenn dieser Teil den Umfang von ca. 25 Seiten nicht (wesentlich) unterschreitet.
6. Wie viele Unterkapitel hat der Teil B der Brandschutzordnung?
   a) a–l
   b) A, B und C
   c) Zwei, nämlich den vorbeugenden und den abwehrenden Brandschutz

d) Drei, nämlich den baulichen, den anlagentechnischen und den organisatorischen Brandschutz

7. Es wird gefordert, dass man die Brand- und Rauchausbreitung unterbindet. Wie geht das u. a.?
   a) Schließen von Brandschutztüren
   b) Schließen von Rauchschutztüren
   c) Schließen von konventionellen Raumtüren
   d) Entrauchungsanlagen (ggf. Fenster) im Brandbereich öffnen

8. Es werden Brandlöscheinrichtungen gefordert. Mit welchen Löscheinrichtungen soll, kann oder darf ein Brandschutzhelfer einen Entstehungsbrand löschen?
   a) Sprinkleranlage
   b) Sprühflutanlage
   c) ABF-Handfeuerlöscher
   d) Unterflurhydrant

9. Was gehört besonders in den Teil C der Brandschutzordnung?
   a) Brandmeldung und Alarmierungsablauf
   b) Gebäuderäumung
   c) Brand löschen und Rauchausbreitung unterbinden
   d) Vorbereitung für den Einsatz der Feuerwehr

10. In den Anhang vom Teil C der Brandschutzordnung kann man Pläne, Checklisten und Zeichnungen eingeben. Welche sind sinnvoll?
    a) Gebäudegrundrisspläne mit Brandabschnitten und Angriffswegen
    b) Gebäudegrundrisspläne mit detaillierter Möblierung
    c) Feuerwehreinsatzpläne sind nicht nur sinnvoll, die müssen hier enthalten sein.
    d) Standorte der Handfeuerlöscher und der Hydranten des Typs S.

7 Ausbildung der Brandschutzhelfer

Nach der DGUV Information 205-023 werden seit wenigen Jahren die benötigten bzw. geforderten Brandschutzhelfer ausgebildet. Ein Begriff, den es früher übrigens nicht gab und der deshalb gefährlich wirken kann, weil alle Nicht-Brandschutzhelfer der irrigen Meinung sein könnten, dass die Brandschutzhelfer im Brandfall Aufgaben haben, sie aber nicht. Dem ist nicht so, die Wahrheit ist, dass alle nicht zum Brandschutzhelfer ausgebildeten Personen im Brandfall exakt das Gleiche tun müssen wie die Brandschutzhelfer, aber es eben nicht so intensiv gelernt haben.

7.1 Theorie

Die **DGUV Information 205-023** erlaubt, dass ausgebildete Brandschutzbeauftragte im eigenen Unternehmen die Brandschutzhelfer ausbilden, und das gilt es zu vermitteln:

1 Grundzüge des Brandschutzes
- 1.1 Grundlagen der Verbrennung
- 1.2 Vorgänge beim Löschen
- 1.3 Häufige Brandursachen
- 1.4 Feuergefährliche Arbeiten
- 1.5 Betriebsspezifische Brandgefahren
- 1.6 Zündquellen

2 Betriebliche Brandschutzorganisation
- 2.1 Brandschutzordnung nach DIN 14096
- 2.2 Alarmierungswege und Alarmierungsmittel
- 2.3 Betriebsspezifische Brandschutzeinrichtungen
- 2.4 Sicherstellung des eigenen Fluchtwegs
- 2.5 Sicherheitskennzeichnung nach ASR A1.3

3 Funktion/Wirkung von Feuerlöscheinrichtungen
- 3.1 Brandklassen A, B, C, D und F
- 3.2 Wirkungsweise und Eignung von Löschmitteln
- 3.3 Geeignete Feuerlöscheinrichtungen
- 3.4 Aufbau und Funktion von Feuerlöscheinrichtungen
- 3.5 Einsatzbereiche und Einsatzregeln von Feuerlöscheinrichtungen

4 Gefahren durch Brände
- 4.1 Gefahr durch Brandrauch
- 4.2 Gefahr durch Brandhitze
- 4.3 Mechanische Gefahren
- 4.4 Zusätzliche betriebliche Gefahren bei Bränden

5 Verhalten im Brandfall
- 5.1 Alarmierung

5.2 Bedienung der Feuerlöscheinrichtungen ohne Eigengefährdung
5.3 Sicherstellung der selbständigen Flucht der Beschäftigten
5.4 Besondere Aufgaben nach BSO (Teil C)
5.5 Löschen brennender Personen.

Um das alles einem fachlichen Neuling wirklich zu vermitteln, braucht man verständlicherweise viel Zeit und muss auch auf Fragen eingehen können; ggf. vermittelt man manches auch vor Ort, um einen besseren Praxisbezug herzustellen.

7.2 Praxis

Jeder Brandschutzhelfer muss im Rahmen seiner Ausbildung mindestens einen Handfeuerlöscher in der Hand halten, um damit ein reales Feuer gelöscht zu haben. Das Besondere daran ist, dass man lernt, einen Handfeuerlöscher zu aktivieren – daran scheitern bereits einige Personen, und dabei ist fehlende Intelligenz nicht der Hauptgrund. Unsicherheit, Nervosität oder schlicht ein Überfordertsein, das sind die Gründe. Beispiel: Es brannte in einem Chemielabor einer Schule. Der Lehrer drückte mehrfach den Hebel am Ende des Schlauchs, ohne einen Löscherfolg zu erzielen. Schließlich ging er davon aus, dass der Löscher eben nicht funktioniere. Dass man zuvor einen Stift ziehen muss, dann einen Knopf einschlagen muss, drittens 1–2 Sekunden warten muss, bis sich der Druck aufgebaut hat (oder bei einem Schaumlöscher das Schaumkonzentrat mit dem Wasser verbindet), das hatte er nicht gewusst bzw. in der Panik vergessen.

Im Rahmen der Löschübung (die möglichst umweltfreundlich ablaufen muss – ggf. die Nachbarn informieren, dass nicht ohne reale Not die Feuerwehr gerufen wird) lernt man etwas über die praktische Handhabung und Funktion sowie die unterschiedlichen Auslösemechanismen von Handfeuerlöschern und anderen Feuerlöscheinrichtungen. Weiter geht es über die Möglichkeit der eigenen (sinnvollen, intelligenten) Löschtaktik und die eigenen Grenzen der Brandbekämpfung (**Entstehungs**brände löschen!). Dazu gibt es eine realitätsnahe Übung mit Feuerlöscheinrichtungen am Simulator. Schließlich erfährt man noch etwas über die Wirkungsweisen und Leistungsfähigkeiten der unterschiedlichen Feuerlöscheinrichtungen und Löschmittel und man wird eingewiesen und informiert über die betriebliche Zuständigkeit im Brandfall.

7.3 Bescheinigung

Jeder ist stolz, wenn er Quali, Mittlere Reife, Abitur, Gesellen- und Meisterbrief, Diplom, Bachelor, Techniker, Master usw. in seinen Händen hält und sich das eben selbst erarbeitet hat. Nun gibt es aber auch Menschen, die nichts davon oder nur wenig haben; umso mehr ist es für diese Menschen von Bedeutung, eine Bescheinigung vorzulegen, auch um bei Bewerbungen etwas anheften zu können. Diese hat jedoch nur dann einen Wert, wenn man nicht nur passiv an einer Schulung teilnimmt, sondern wenn man aktiv auch eine Prüfung selbst geschrieben und bestanden hat.

Warum ich das schreibe? Ich will Sie dazu verleiten, die Schulung mit einer – übrigens nicht geforderten – schriftlichen Prüfung abzuschließen. Wie Sie dann mit durchgefallenen Kandidaten umgehen, bleibt Ihnen überlassen – ich würde aber keinen vor einer Gruppe als „durchgefallen" brandmarken. Ggf. geben Sie ihnen ja dennoch die Bestätigung und sprechen unter vier Augen noch mal 10–20 Minuten mit den Personen, um sie gezielt zu fördern und zu informieren. Die Prüfung soll nicht schwer sein, sie soll aber die Leute von Anfang an dazu animieren, gut zuzuhören und das Ganze ernst zu nehmen. Schließlich geht es im Brandschutz ja um Menschenleben und beträchtliche Sachwerte!

Entwerfen Sie ein optisch schönes Zertifikat, auf dem der Titel „Brandschutzhelfer" steht und aus dem hervorgeht, dass man an einer Prüfung erfolgreich teilgenommen hat. Wählen Sie dafür ein 120-Gramm-Papier (das ist schwerer, sieht besser aus) und versehen Sie es mit Unterschrift, Datum und Stempel.

7.4 Mögliche Prüfungsfragen für Brandschutzhelfer

Es würde mich sehr freuen, wenn Sie selbst auf ein paar Fragen kommen, die Sie richtig beantwortet haben wollen. Wenn Ihnen das schwerfällt, gebe ich Ihnen eine Hilfestellung: Suchen Sie sich aus den nachfolgenden Fragen die 12 aus, die Sie für passend halten und fordern Sie mindestens 8 richtige Antworten. Seien Sie nicht zu streng und anspruchsvoll und helfen Sie Menschen, die Prüfungsstress haben. Wenn jemand durchfällt, sagen Sie ihm das persönlich und informieren ihn über die richtigen Antworten und erläutern Sie ihm seine Fehler – das Zertifikat bekommt er dann bitte dennoch (schließlich wird er ja nicht Herzchirurg oder Strafrichter). Auch bei der Beantwortung von Fragen, die man verbal erklären muss (also kein Multiple-Choice) kann man ja etwas großzügig sein, oder? Allerdings habe ich Ihnen jetzt unten ausschließlich Fragen aufgeschrieben, die mit einem Prosatext und nicht durch Kreuzchen setzen beantwortet werden müssen. **Mögliche Prüfungsfragen** (stellen Sie nicht zu viele Fragen und achten Sie drauf, dass manche der nachfolgenden Fragen nicht gemeinsam gestellt werden sollten):

1. Wann kommt es zu einem Brand? Nennen Sie die drei Grundvoraussetzungen.
2. Was sind mögliche Zündquellen in Ihrem Arbeitsbereich?
3. Bringen Sie je drei Beispiele für vermeidbare und unvermeidbare Brandlasten in unserem Unternehmen.
4. Welche Gefahren gehen direkt oder indirekt von einem Feuer aus? Nennen Sie bitte drei davon.
5. Wodurch tötet ein Feuer primär?
6. Welche Löschmittel gibt es für Handfeuerlöscher?
7. Nennen Sie drei Arten von feuergefährlichen Arbeiten.
8. Was macht man vor, während und nach feuergefährlichen Arbeiten, um die Brandgefahr zu minimieren?

9. Was ist die Hauptbrandgefahr in einem Lager?
10. Was sehen sie als Hauptbrandgefahr in unserem Unternehmen?
11. Wie stufen Sie die Gefahr einer Brandstiftung bei uns ein?
12. Welche Maßnahmen würden Sie empfehlen, dass Brandstiftung im Bereich X oder Y erschwert wird?
13. Was ist die Hauptbrandgefahr in einem Büro?
14. Aus welchen Teilen besteht eine Brandschutzordnung?
15. An welche Personengruppe ist der Teil B der Brandschutzordnung gerichtet?
16. An welche Personengruppe ist der Teil C der Brandschutzordnung gerichtet?
17. Nennen Sie drei unterschiedliche Arten der Alarmierung im Brandfall.
18. Nennen Sie je eine technische, bauliche, organisatorische und abwehrende Brandschutzmaßnahme.
19. Wie viele Fluchtwege benötigt man für Aufenthaltsbereiche?
20. Was muss man bei Nutzungseinheiten mit und ohne Aufenthaltsmöglichkeiten in Richtung Brandschutz baulich unterscheiden?
21. Welche Arten von Sicherheitskennzeichnungen gibt es?
22. Wie viele Brandklassen gibt es?
23. Wie werden die Brandklassen abgekürzt?
24. Nennen Sie drei unterschiedliche Brandlöscheinrichtungen.
25. Wodurch löscht das Löschmittel Wasser?
26. Wodurch löscht das Löschmittel Kohlendioxid?
27. Wodurch bzw. wie löscht das Löschmittel Schaum?
28. Nennen Sie wichtige Dinge, auf die es beim Löschen von Entstehungsbränden ankommt.
29. Was ist das wichtigste Ziel im Brandschutz?
30. Was sind Ihrer Meinung nach vier Brandgefahren in Ihrem Bereich?
31. Welche Maßnahmen meinen Sie, könnten die eben genannten Brandgefahren minimieren oder gar eliminieren?
32. Was ist besonders wichtig zu tun bei brennenden Personen? Nennen Sie zwei Punkte.

Nutzen Sie diese **32 Fragen** für sich selbst, als **Test** – nehmen Sie sich die Zeit, um möglichst viel und richtig zu antworten.

Sie haben selbst bessere Ideen für Fragen? Großartig, dann nehmen Sie diese bitte. Wenn Sie Multiple-Choice-Fragen stellen, ist für Sie die Korrektur einfacher, auch hierzu ein paar **Beispiele** (mehrfache Antworten sind möglich):

1. Wann kommt es zu einem Brand?
   a) Wenn Sauerstoff auf Zündquellen trifft
   b) Wenn ausreichend hohe Zündquellen und Brandlasten mit Sauerstoff zusammentreffen
   c) Immer dann, wenn Brandlasten und Sauerstoff zeitgleich zusammenkommen
   d) Erst bei Temperaturen oberhalb 1.200 °C

2. Wie löscht man einen kleinen Entstehungsbrand richtig?
   a) Immer mit Pulver, das ist immer das richtige Löschmittel
   b) Je nach Brandart mit Wasser, CO_2, Schaum oder auch Pulver
   c) Zügig, den Fluchtweg hinter sich (und nicht hinter dem Feuer)
   d) Immer, auch unter Einsatz seiner Gesundheit
3. Was sind mögliche Brandursachen?
   a) Strom, Elektrogeräte
   b) Fahrlässige und vorsätzliche Brandstiftung
   c) Zugestellte Abluftöffnungen
   d) Defekte Akkus
4. Was macht man bei feuergefährlichen Arbeiten außerhalb dafür vorgesehener Arbeitsplätze?
   a) Es sind keine besonderen Maßnahmen zu treffen.
   b) Genehmigungsschein ausfüllen
   c) Brandwache für anschließend festlegen und ausreichend lang stellen
   d) Eine Brandwache muss immer für mindestens 4 Stunden gestellt werden.
5. Was sind mögliche Zündquellen?
   a) Elektrostatik bei Benzindämpfen
   b) Feuerzeug am Vorhang
   c) Sonnenstrahlen auf Gasflaschen
   d) Strom auf defekter Platine in einem Elektrogerät
6. Was sind beispielsweise feuergefährliche Arbeiten?
   a) Löten
   b) Schweißen
   c) Flexen
   d) Metallbohren
7. Was sind beispielsweise Brandlasten?
   a) Büromöbel
   b) Gipskartonwände
   c) Kunststoffummantelte Stromleitungen
   d) Stahlträger
8. Was sind beispielsweise Zündquellen für einen Vorhang?
   a) Kerzenlicht
   b) Feuerzeug oder Zündholz
   c) Defektes Elektrogerät wie Wasserkocher oder Kaffeemaschine, abgestellt auf dem Fensterbrett
   d) Elektrostatik, die man ggf. am Körper hat, wenn man über Teppiche geht
9. Aus wie vielen Teilen besteht eine Brandschutzordnung?
   a) 1
   b) 2
   c) 3
   d) 4

10. An wen richtet sich der Teil B der Brandschutzordnung?
    a) Alle, die sich im Gebäude aufhalten
    b) Fremdhandwerker, die einmalig und kurz im Gebäude sind
    c) Personen, die sich nicht nur vorübergehend im Gebäude aufhalten
    d) Personen, die im Brandfall besondere Aufgaben haben
11. Was sind möglicherweise geeignete Alarmierungsmittel, um die Belegschaft über eine Gefahr wie ein Feuer zu informieren?
    a) Lautes Rufen
    b) Automatische Rauchmelder, die auch hausintern Alarme absetzen
    c) ELA-Anlage
    d) Telefonanlage mit Bandansage
12. Was können betriebsspezifische Brandschutzeinrichtungen sein?
    a) Brandmeldeanlagen
    b) Brandlöschanlagen
    c) Werkfeuerwehr
    d) Freiwillige öffentliche Feuerwehr
13. Wie viele Fluchtwege braucht man für Bereiche, in denen man sich nicht regelmäßig und dann nur kurz aufhält?
    a) 0
    b) 1
    c) 2
    d) 3
14. Wie viele Fluchtwege braucht man für Arbeitsbereiche, in denen man sich regelmäßig und längerfristig aufhält?
    a) 1
    b) 2
    c) 3
    d) Einer muss immer baulich gegeben sein, der zweite kann baulich gestellt werden, oder er besteht aus Fensteröffnungen, die von der Feuerwehr anleiterbar sind.
15. Welche Schilder gibt es?
    a) Gefahrenhinweis-Schilder
    b) Warnschilder
    c) Gebotsschilder
    d) Verbotsschilder
16. Welche Schilder muss man ernst nehmen (also einhalten)?
    a) Alle
    b) Nur die Warnschilder
    c) Nur die Verbotsschilder
    d) Innerbetrieblich und eigenverantwortlich kann man gegen Vorgaben verstoßen, so lange man dadurch lediglich sich selbst gefährdet, aber keine anderen Personen.

17. Welche Arten von DIN-EN-zugelassenen Handfeuerlöschern gibt es?
    a) Dauerdruck-Handfeuerlöscher
    b) Auflade-Handfeuerlöscher
    c) Speziallöscher mit Sandfüllung
    d) Klein-Handfeuerlöscher mit bis zu 500 ml Volumen
18. Welche Brandklassen gibt es?
    a) 1, 2, 3, 4 und 5
    b) a), b), c) und d)
    c) A, B, C, D, E und F
    d) A, B, C, D und F
19. Wofür ist das Löschmittel Wasser geeignet?
    a) Brandklasse A
    b) Brandklasse B
    c) Brandklassen B und C
    d) Brandklassen D und E
20. Wofür ist das Löschmittel Schaum geeignet?
    a) Brandklasse A
    b) Brandklassen A und B
    c) Brandklassen A, B und C
    d) Brandklasse D
21. Wofür ist das Löschmittel Kohlendioxid geeignet?
    a) Brandklasse A
    b) Brandklasse B
    c) Elektrogeräte und elektronische Geräte
    d) Metallbrände
22. Wofür ist das Löschmittel Pulver geeignet?
    a) Ausschließlich für die Brandklasse A
    b) Ausschließlich für die Brandklassen A und B
    c) Brandklassen A, B und C
    d) Brandklassen D, E und F
23. Wofür sind Fettbrand-Handfeuerlöscher geeignet?
    a) Solche gibt es nicht
    b) Ausschließlich für die Brandklasse A
    c) Brandklasse F
    d) Brandklasse D
24. Wofür sind D-Pulver-Handfeuerlöscher geeignet?
    a) Metallbrände
    b) Holzbrände
    c) Gasbrände
    d) Flüssigkeitsbrände
25. Wie lange hält ein Feuerlöscher mit 6 kg Löschmittel ca.?
    a) 2–10 Sekunden
    b) 20–40 Sekunden

c) 90–120 Sekunden
d) 3 Minuten oder länger

26. Welches Löschmittel wäre im Büro ideal?
a) Wasser für Feststoffbrände und CO_2 für Gerätebrände
b) ABC-Pulver
c) D-Löschmittel
d) F-Löschmittel

27. Welches Löschmittel wäre in der Kantinenküche ideal?
a) F-Löschmittel
b) D-Löschmittel
c) C-Löschmittel
d) ABC-Löschmittel

28. Wie löscht ein Handfeuerlöscher am besten?
a) Am Griff halten, vertikal nach unten hängen lassen und so einsetzen
b) Den Löscher am besten horizontal (waagrecht) halten, dann einsetzen
c) Den Löscher auf den Kopf stellen und dann abblasen
d) Wenn man ihn zuvor kräftig 1–2 Minuten schüttelt, um das verklumpte Pulver aufzulockern

29. Wie löscht man richtig mit dem Handfeuerlöscher?
a) Mindestabstand von 7 m zum Feuer nicht unterschreiten.
b) Möglichst nahe ans Feuer heran gehen, und dann den Löscher voll in die Flamme blasen.
c) Horizontalen Abstand von ca. 2 m einhalten.
d) Handfeuerlöscher dürfen nur von Feuerwehrleuten benutzt werden.

30. Was ist die Hauptgefahr für Menschen bei einem Feuer?
a) Rauch
b) Hitze
c) Betriebsunterbrechungen
d) Sachschäden

31. Wie wirkt sich Brandrauch auf den menschlichen Organismus aus, wenn er in die Lunge gerät?
a) Das ist für Raucher weniger gefährlich als für Nichtraucher
b) Tödlich
c) Brandrauch wirkt langfristig reizend auf die Atmungsorgane
d) Rauch ist weniger das Problem, aber die Wärmestrahlung eines Feuers ist die Haupt-Todesursache bei Bränden

32. Welches Verhalten im Brandfall muss Vorrang haben, wenn im Labor die Kleidung einer Person brennt?
a) Feuerwehr rufen
b) Brennende Person löschen
c) Brennende Person durch autoritäres Rufen zu Ruhe und Disziplin auffordern
d) Sich selbst schnellstmöglich in Sicherheit bringen

33. Wozu ist man im Brandfall als angestellte Person verpflichtet?
    a) Helfend eingreifen, z. B. löschen und/oder die Feuerwehr rufen
    b) Türen schließen, um Brandrauch nicht in die Flure dringen zu lassen
    c) Die Feuerwehr über besondere Gefahren informieren, über die sie nicht Bescheid weiß.
    d) Nach dem Brand an der Sanierung mitarbeiten.

Es wird unterstellt, dass jeder Brandschutzbeauftragte weiß, wo man hätte ankreuzen müssen. Wer es nicht weiß, soll diesen Test bitte selbst durchführen und dann mit den folgenden **Antworten** abgleichen:

1b	2b, c	3a–d	4b, c	5a, b, d	6a–d	7a, c	8a, b, c	9c	10c	11a–d
12a–c	13b	14b, d	15a–d	16a	17a, b	18d	19a	20b	21b, c	22c
23c	24a	25b	26a	27a	28a	29c	30a	31b	32b	33a–c

7.5 Fragen zum Kapitel

1. Wer im Unternehmen muss kleinere Entstehungsbrände ohne große Hitze- und Rauchentwicklung möglichst umgehend löschen?
   a) Nur Brandschutzbeauftragte
   b) Nur Brandschutzhelfer
   c) Jeder/jede
   d) Nur Personen, die dem Teil C der Brandschutzordnung unterliegen

2. Was sind die fünf wesentlichen Hauptpunkte, was man als Brandschutzbeauftragter gemäß der DGUV Information 205-003 vermitteln muss?
   a) Grundzüge des Brandschutzes; Betriebliche Brandschutzorganisation; Funktion und Wirkungsweise von Feuerlöscheinrichtungen; Gefahren durch Brände; Verhalten im Brandfall
   b) Baulicher Brandschutz; anlagentechnischer Brandschutz; abwehrender Brandschutz; organisatorischer Brandschutz; gesetzlicher Brandschutz
   c) ArbStättV; BetrSichV; BiostoffV; BauStellV; GefStoffV
   d) Handfeuerlöscher: 1. Löschmittel; 2. Löscheinheiten; 3. Standorte der Handfeuerlöscher; 4. Einsatzdauer von Handfeuerlöschern; 5. Bedeutung von LE

3. Wer darf firmenintern Brandschutzhelfer ausbilden?
   a) Das darf firmenintern nicht geschehen
   b) Brandschutzbeauftragter
   c) Andere Brandschutzhelfer
   d) Eine Ausbildung ist nicht nötig, leidglich die Bestellung

4. Welche Hauptgefahr von Bränden ist zu vermitteln?
   a) Rauch
   b) Hitze
   c) Flammen
   d) Sachwerteverlust

5. Wie löscht man richtig?
   a) Fluchtweg hinter dem Feuer
   b) Fluchtweg hinter der löschenden Person
   c) Ca. 2 m vertikalem Abstand zum Feuer
   d) Seitlich möglichst nahe an den Brandherd herantreten
6. Wie verhält man sich, wenn man ein etwas größeres Entstehungsfeuer sieht?
   a) Löschen ist jetzt verboten, das ist Aufgabe der Feuerwehr
   b) Möglichst zwei Handfeuerlöscher direkt hintereinander einsetzen
   c) Möglichst zwei Handfeuerlöscher gleichzeitig einsetzen
   d) Handfeuerlöscher in einer Entfernung von mindestens 7 m abblasen
7. Welche Löschmittel sind für Großküchen sinnvoll?
   a) Löschdecken mit einer Fläche von mindestens 3 m^2
   b) ABC-Handfeuerlöscher
   c) Handfeuerlöscher mit Kohlenstoffdioxid (CO_2)
   d) ABF-Handfeuerlöscher
8. Wie löscht man eine brennende Person?
   a) Auffordern, die brennende Kleidung rasch und ohne falsche Scham auszuziehen
   b) Löschdecke
   c) Handfeuerlöscher
   d) Feuerwehr rufen
9. Wenn Sie eine Übung mit Handfeuerlöschern machen: Welches Löschmittel bzw. welche/n Löscher favorisieren Sie?
   a) AB
   b) ABC
   c) ABF
   d) B
10. Ist eine Abschlussprüfung für Brandschutzhelfer nach der Ausbildung gefordert?
    a) Ja und zwar zwölf Fragen zu den zwölf Kapiteln (also je Kapitel eine Frage)
    b) Ja, und zwar mündlich und schriftlich (mindestens 60% müssen richtig sein)
    c) Man muss eine Fallstudie bearbeiten und präsentieren
    d) Nein.

8 Brandschutz bei Bauarbeiten

Bauarbeiten sind – ob Sie das wollen und glauben oder nicht – eine der großen Brandursachen, die es in Unternehmen gibt. Dabei sind solche Unternehmen, die nur alle viele Jahre mal einen Handwerker im Haus haben, deutlich gefährdeter als die, die damit wöchentlich zu tun haben. Der Grund hierfür ist die fehlende Erfahrung und das manchmal falsche Vertrauen in die sicherheitstechnischen Fähigkeiten der Handwerker.

Beispiel: Ein 55-jähriger Dachdecker zündete fahrlässig (oder grob fahrlässig? Das klärt gerade ein Gericht.) den Dachstuhl eines Gebäudes in der Münchener Innenstadt an. Der Mann mit über 35 Jahren Berufserfahrung sagte zum ermittelnden Staatsanwalt „das ist mir noch nie passiert!", und dachte, das wäre es. Fazit: Untersuchungshaft, Strafanzeige, und wirtschaftlich ist der Unternehmer eher am Rande des Ruins zum Ende seiner beruflichen Tätigkeit.

Die nachfolgenden Punkte sind Fakten, keine Meinungen (diese bilden Sie sich bitte selbst):

- Bei Bauarbeiten brennt es relativ häufig.
- Ein bestimmter Prozentsatz der Arbeiter auf Ihrer Baustelle…
  - … ist beruflich nicht ausgebildet
  - … hat keine Ahnung, wo ein Feuerlöscher ist oder wie man den bedient
  - … hält sich nicht an das Rauchverbot
  - … hat von einem „Schweißerlaubnisschein" noch nie etwas gehört
  - … versteht unsere Sprache nicht
  - … ist nicht sozialisiert.
- Bauarbeiten gelten bei Versicherungen als Gefahrenerhöhung und sind anzeigepflichtig, so man den Versicherungsschutz nicht riskieren will.
- Die Feuerschäden sind schnell deutlich über 10 Mio. €, die Versicherungssummen der Haftpflichtversicherungen der Handwerksfirmen liegen meist bei 2–5 Mio. €.
- Fehlende Abfallbeseitigung ist eher die Regel als die Ausnahme und das führt zu Bränden.
- Rauchen auf Baustellen ist üblich und nicht selten die Brandursache.
- Elektrische Geräte werden betrieben, bis sie ausfallen, auch bei offensichtlichen Mängeln; eine Wartung (lt. DGUV Vorschrift 3 alle 3 Monate mit Gerätschaften auf Baustellen) bleibt aus.
- Arbeitsunfälle sind ca. 10-mal so häufig (auch wenn das nichts mit Brandschutz zu tun hat, es geht um Menschen – die auf Ihrem Gelände verunglücken!).
- Bei Baufirmen, insbesondere bei Abbruchfirmen, arbeitet nicht immer die handwerkliche oder intellektuelle Elite der Nation; solche Leute sind manchmal schwerer zu bewegen, sich präventiv korrekt zu verhalten.

➢ Primäre Brandursachen bzw. schadenvergrößernde Ursachen auf Baustellen sind:
  - SiGe-Ko, SiGe-Plan nicht vorhanden bzw. nicht umgesetzt
  - Nicht unterwiesene Sub-Unternehmer
  - Elektrische Geräte/Strom
  - Weiterbetreiben von beschädigten Geräten und Stromleitungen
  - Feuergefährliche Arbeiten nahe an leichtentzündlichen Gegenständen
  - Rauchen und sorgloser Umgang mit Glut
  - Schadenvergrößerung durch offene Bereiche
  - Fehlende Qualifikation der Arbeiter
  - Fehlende Löschmöglichkeiten
  - Mangelhafte Abfallbeseitigung
  - Fehlende Unterweisung
  - Verspätete Brandmeldung.

Lesen Sie diese Auflistung noch mal durch und überlegen Sie sich bitte bei jedem Punkt, wo das bei Ihnen zutrifft und welche konkreten Vorsorge- und Gegenmaßnahmen effektiv und effizient wären.

8.1 Besondere Gefahren und Lösungen

Wenn es brennt, dann häufig bei Neu- und Umbauarbeiten. Bei Neubauten steigt die Brandgefahr mit jedem Tag, sprich in der Woche vor der Fertigstellung und der Übergabe ist sie am größten: Jede Menge Brandlasten, aufgekeilte Türen, Brandmelde- und ggf. auch Brandlöschanlage noch nicht funktionsfähig, überall wird noch „schnell" ausgebessert, nachgebessert, montiert und repariert, überall liegt brennbarer Abfall herum. Brandschutztüren stehen noch offen oder deren Zargen sind noch nicht eingemörtelt, brennbare Verpackungen liegen herum, es wird geschweißt, mehrere Fremdfirmen arbeiten anonym und hektisch und kurz vor der Fertigstellung sind bereits alle Werte vorhanden – oft aber noch nicht die Feuerlöscher und die Wandhydranten sind ebenfalls noch nicht angeschlossen. Unter der Hektik des Zeitdrucks, der durch Termine oder Konventionalstrafen entsteht, wird so mancher Handwerker nicht die nötige Sorgfaltspflicht walten lassen, und schon kommt es zu einem Brand.

Brände bei Bauarbeiten sind ärgerlich, teurer und oft unnötig; zudem entstehen schnell juristische Probleme, wer denn nun für was zur Verantwortung zu ziehen ist. Die Berufsgenossenschaften, der Verband der Schadenversicherer, die Gewerbeaufsichten und die Bauordnungen gehen auf diese Thematik in vielen Publikationen ausführlich ein, aber oft genug finden sie keine Beachtung. Hier soll nun eine Auflistung der wesentlichen Punkte geschehen.

Unterkünfte bei Großbaustellen

Behelfsbauten und Bauunterkünfte sind, wie auch brennbares gelagertes Gut, aus brandschutztechnischen Gründen von anderen Gebäuden entfernt aufzustellen, um eine Brandübertragung zu unterbinden. Nach der Musterbauordnung müssen Baracken von anderen Baracken mindestens 20 m, von anderen Gebäuden mindestens 30 m und von besonders gefährdeten Anlagen mindestens 100 m entfernt liegen. Brandwände sind mindestens alle 30 m zu errichten und 0,3 m oder mehr über Dach zu führen.

Gefahr Abfall

Brennbare Abfälle wie Holz, Teerpappe usw. dürfen nicht in Gebäuden gelagert werden, sondern nur im Freien, an einer sicheren Stelle; ist dies nicht möglich, so müssen sie täglich entfernt werden. Das Abbrennen von Bauabfällen benötigt der Genehmigung von Behörden wie Polizei, Feuerwehr oder Gewerbeaufsicht und darf dann nur geschehen, wenn es zu keinem Moment zu einer Gefährdung durch das Feuer kommen kann. Wenn eine Betriebs- oder Werkfeuerwehr vorhanden ist, so soll sie zu diesen Zeiten eine Übung in der Nähe abhalten, damit im Gefahrenfall umgehend gelöscht werden kann. Nachts darf eine Brandstiftung der Abfälle im Freien nicht zu einem Feuerüberschlag auf die Gebäude oder gar Unterkünfte der Arbeiter führen.

Feuergefährliche Arbeiten

Eine besondere Brandentstehungsgefahr besteht bei Arbeiten mit Schweißgeräten, Schneidbrennern, Dach-Bitumenarbeiten, Löt-, Auftau- und Trocknungsgeräten. Wenn es auf Baustellen brennt und es sich nicht um vorsätzliche Brandstiftung handelt, so ist diese Art der fahrlässigen Brandstiftung (strafrechtlich relevant) die Hauptursache für Brände. Der Handwerker hat dafür zu sorgen, dass die entsprechenden sicherheitstechnischen Vorkehrungen getroffen sind, wie z. B. das Bereitstellen von geeignetem Löschmittel in ausreichender Menge, die vorherige Beseitigung von brennbaren Gegenständen im Gefahrenbereich oder deren sicheres Abdecken und die anschließende Brandkontrolle. Da Handwerker erfahrungsgemäß sich nicht immer an diese und weitere Vorschriften halten, muss die Bauleitung verstärkt Kontrollen durchführen. Jeder Handwerker, der feuergefährliche Arbeiten durchführt, muss sich vorher die schriftliche Genehmigung einholen, auf der er durch seine Unterschrift seinerseits bestätigt, dass er die geltenden Vorschriften einhält. Bauarbeiter und Handwerker, die diesen Erlaubnisschein für feuergefährliche Arbeiten nicht unterschreiben wollen, sind umgehend freizustellen und ggf. auch die hinter ihm stehende Firma.

Brennbare Flüssigkeiten und Gase

Besondere Vorsicht muss explosionsfähige Atmosphären vermeiden. Durch Reinigungsmittel, Lösemittel, Lacke und Farben, Klebestoffe usw. kann es zu Dämpfen kommen, die durch feuergefährliche Arbeiten explodieren. Menschenleben und Sachwerte sind dadurch bedroht. An Stellen, wo derartige Stoffe gelagert oder verarbeitet werden, ist deshalb besonders darauf zu achten, dass ausreichend be- und entlüftet wird und dass feuergefährliche Arbeiten nicht ohne besondere Vorsichtsmaßnahmen stattfinden. Die Lagerräume für Gasflaschen müssen ausreichend belüftet sein. Ideal ist es, wenn sie hinter stabilen, verschlossenen Metallgittern aufbewahrt und vor direkter Sonneneinstrahlung geschützt sind. Das Aufbewahren unter Erdgleiche ist meistens verboten (weil deren Dämpfe schwerer als Luft sind), ebenso wie die gemeinsame Lagerung mit brennbaren Gegenständen. Da Gasflaschen oft über viele Jahre und sogar Jahrzehnte zum Einsatz kommen, ist der sorgsame Umgang mit ihnen wichtig, unabhängig, ob sie voll oder entleert sind. Umfallen, Stoßen, Schlagen und Erschütterungen sind unbedingt zu vermeiden. Am jeweiligen Arbeitsplatz dürfen nur die benötigten Gasflaschen sein, die Reserveflaschen und nicht angeschlossene Gasflaschen müssen sich in einem anderen Gefahrenbereich befinden.

Rettungswege und Sicherheitskonzept

Die Zufahrtswege sind oft derart schlecht ausgelegt, nicht gesichert oder mit Fahrzeugen und Baumaterial verstellt, dass die Fahrzeuge von Feuerwehren und/oder Rettungsdiensten nicht schnell genug an den Brand- bzw. Unfallort gelangen. Wer eine Ahnung hat, um wie viel sich ein Schaden in 2 oder gar 5 tatenlosen bzw. vergeudeten Minuten vergrößern kann, weiß von der Bedeutung brandschutztechnischer Maßnahmen. Rettungswege sind jederzeit so freizuhalten, dass Fahrzeuge uneingeschränkt bewegt und Personen ungehindert helfen können. Es muss mindestens zwei entgegengesetzt liegende Rettungswege geben und zwar für alle Arbeitsplätze.

Bereits während der Bauarbeiten müssen ausreichend Feuerlöscher (≥ 6 LE) oder anderes geeignetes Löschgerät zur Verfügung stehen und zwar ausschließlich große Feuerlöscher mit Wasser, Schaum oder Pulver. Bei größeren Bauarbeiten soll vorab mit der Feuerwehr ein Sicherheitskonzept erarbeitet werden, das über mögliche Löschaktionen oder Rettungen Auskunft gibt. In diesem Konzept soll enthalten sein:

- Rufnummern von Polizei, Feuerwehr und Krankenhäusern/Ärzte und ggf. auch Ansprechpartner
- Kennzeichnung der Rettungswege
- Kennzeichnung von Hydranten und weiteren Löschgeräten
- Namentliche Bekanntgabe von Personen, die mit dem Umgang der Löschgeräte vertraut sind
- Namentliche Bekanntgabe der Ersthelfer
- Kennzeichnung der Sanitätsräume.

Brandstiftung

Gerade bei Baustellen gibt es immer wieder vorsätzliche Brandstiftungen; die Täter handeln aus unterschiedlichen Motiven:

- Neidische Nachbarn
- Nachbarn, die sich durch den Bau bzw. die Bauarbeiten momentan oder permanent in ihrer Lebensqualität beeinflusst sehen (z. B. Tennishalle; zugeparkte Straße; Geruch oder Lärm eines Lokals; Gebäude nimmt Sonne weg; usw.)

- Passanten
- Jugendliche
- Landstreicher
- Konkurrenten
- Eigenbrandstiftung (Versicherungsbetrug)
- In Verzug geratene Handwerker (so wurde am 29.01.1996 das Opernhaus von Venedig für ca. 160 Mio. € von einer Handwerksfirma angezündet, die damit einer Verzugs- bzw. Konventionalstrafe entgehen wollte).

Gegen intelligente, gute vorbereitete **Brandstifter** kann man oft nur wenig erreichen, aber die meisten Brandstiftungen wären mit einfachsten Mitteln zu verhindern gewesen; dies gilt für fertiggestellte Gebäude ebenso wie für Gebäude, die gerade errichtet werden. Folgende technische, bauliche und organisatorische Maßnahmen sind geeignet, die Gefahr durch Brandstiftungen von innen und außen zu minimieren (einzelne Maßnahmen sind auch abhängig von der Größe der Baustelle):

- Einsatz mobiler Brandmeldeanlagen für gefährdete Bereiche
- Hermetische Abriegelung der Baustelle durch einen mindestens 2 m hohen Bauzaun
- Helle Beleuchtung der Baustelle nachts
- Regelmäßige bzw. permanente personelle Bewachung der Baustelle, auch bei Anwesenheit von Arbeitern
- Kontrolle aller zu- und abgehender Personen und auch des Materials
- Rechtzeitige und ehrliche Information der Nachbarschaft über das Bauvorhaben
- Bereitstellen von Handfeuerlöschern, fahrbaren Löschern und ausreichend vielen Hydranten
- Ausstattung der Handwerker mit Funkgeräten oder tragbaren Telefonen, um im Gefahrenfall verzögerungsfrei die Feuerwehr zu rufen
- Ausarbeitung eines Brandschutzkonzepts mit der Feuerwehr
- Bewegungsmelder auf dem Grundstück anbringen, Bauhütten mit Einbruchmeldeanlagen (es gibt mobile Geräte, speziell für Bauunternehmen) sichern
- Sichtbar auf die personellen und/oder technischen Schutzmaßnahmen hinweisen
- Videokameras installieren
- Brennbare Abfälle nicht über Nacht oder an arbeitsfreien Tagen liegenlassen; am besten bzw. sichersten ist es, wenn brennbare Abfälle umgehend vom Verursacher entfernt werden
- Gasflaschen, brennbare Abfälle, brennbare Baumaterialien usw. wegsperren.

Zeitdruck

In der Hektik der Bauerstellung und dem Druck durch Architekten bzw. Bauleitung, Zeit und damit auch Kosten zu sparen, wird oft auf gesetzlich geforderte Schutzmaßnahmen verzichtet. Wenn mehrere hundert Arbeiter an der Erstellung eines großen Komplexes beteiligt sind, wird auch schnell ersichtlich, dass es um viele 10.000,– € oder auch 100.000,– € je Tag geht, wenn es zu Verzögerungen kommen sollte; hinzu sind noch Betriebsunterbrechungen und wirtschaftliche Folgeschäden zu rechnen. In diesen Fällen steigt dann die Hektik, die Improvisation und damit auch die Wahrscheinlichkeit einer fahrlässigen Brandstiftung.

Unausgebildete Handwerker

Es ist auch zu berücksichtigen, dass nicht nur qualifizierte Handwerker, sondern auch andere auf Baustellen arbeiten, die entweder von brandschutztechnischen Dingen wenig oder nichts gehört und gelernt haben, oder die sich dafür nicht interessieren. Aber die fahrlässige Brandstiftung ist kein Hauptproblem von den Arbeitern; auch Architekten und Bauherren stiften häufig durch ihr Verhalten Brände indem sie meinen, sicherheitstechnische Vorschriften wie Rauchverbot gelten nicht für sie. Wer nur ein paar Tage oder Stunden auf einer Baustelle ist, interessiert sich für Vorgaben meist weniger als der spätere Gebäudebetreiber.

Korrektes Verhalten

Rauchverbote an ausgewiesenen Stellen müssen von jedermann beachtet werden. Technische Geräte, die mit Gas, Öl oder Strom betrieben werden, müssen jederzeit den sicherheitstechnischen Anforderungen entsprechen, was den Zustand, den Aufstellungsort, die Art des Betreibens und die direkte Umgebung betrifft. Es gibt eine Reihe von sinnvollen Maßnahmen im personellen Bereich, um Brände auf Baustellen zu verhindern:

- Ein Sicherheitsverantwortlicher koordiniert die Arbeiten auf der Baustelle.
- Der Architekt und die Bauleitung müssen für Sicherheit und Brandschutz empfänglich sein (wichtigste Grundvoraussetzung).
- Disziplinarische Maßnahmen gegen einzelne Mitarbeiter und ggf. auch Firmen müssen umgesetzt werden können.
- Die Einhaltung der sicherheitstechnischen Mindestmaßnahmen muss von jeder Firma verbindlich gewährleistet werden.
- Jede Firma ist verantwortlich, dass Abfälle (besonders brennbare) umgehend entfernt werden.
- Bei Großbaustellen sind eigene Leute abzustellen, die zusätzlich für Brandschutz, Sicherheit usw. sorgen; dies entlastet jedoch die übrigen Arbeiter nicht; diese Sicherheitsfachkräfte haben auch disziplinarische Gewalt.

8.2 Möglicher Vertrag mit einer Baufirma

Nachfolgend ein möglicher Vertragsentwurf für ausführende Unternehmen:

Dieses Formblatt ist von jeder Fremdfirma, die mit handwerklichen Arbeiten beauftragt ist und dem Projektverantwortlichen beim Arbeitgeber vor Beginn der Arbeiten auf dem Gelände des Arbeitgebers zu unterzeichnen; es ist bei Ausführung der Arbeiten von der Fremdfirma mitzuführen. Als ein gesellschaftlich verantwortungsbewusstes Unternehmen bekennt sich der Arbeitgeber zu den wertvollen und wichtigen Zielen des Umweltschutzes, des Brand- und Arbeitsschutzes und zu einer nachhaltigen Achtung und Wertschätzung von Gesundheit, der

Umwelt und von Sachwerten. Dies haben wir in unserem Verhaltenskodex und unserer Firmenpolitik verankert. Der Arbeitgeber erwartet daher von seinen Vertragspartnern die Einhaltung aller Brand-, Arbeits- und Umweltschutzmaßnahmen, insbesondere:

1. Die Fremdfirma versichert die Kenntnis und Einhaltung der relevanten Umwelt-, Brand- und Arbeitsschutzvorschriften und Gesetze. Die Fremdfirma haftet gegenüber dem Arbeitgeber oder Dritten für etwaige Schäden (Sachschäden, Betriebsunterbrechung), die Aufgrund der Nichteinhaltung von Richtlinien, Vorschriften und Gesetzen entstehen. Insbesondere verweisen wir auf die LBO, die BG-Bestimmungen wie z. B. DGUV Vorschriften 1, 3 und 38, ASR A 2.2, auf technische Regeln (TR) sowie das ArbSchG, das ASiG, die BetrSichV, GefStoffV, BauStellV und ggf. auch auf versicherungsrelevante Vorgaben. Dies wird uns durch Unterschrift auf diesem Formblatt bestätigt.
2. Die Fremdfirma beschäftigt ausschließlich Mitarbeiter auf dem Gelände vom Arbeitgeber, die in der Lage sind, die Arbeitsschutz-, Umweltschutz- und Brandschutzanforderungen zu verstehen und einzuhalten.
3. Werden mehrere Mitarbeiter gleichzeitig beschäftigt bzw. sind Mitarbeiter der deutschen Sprache nicht mächtig, so ist ein Baustellenleiter schriftlich zu benennen, der diese Aufgaben stellvertretend und verantwortlich übernimmt.
4. Alle mitgebrachten und eingesetzten Arbeitsmittel müssen entsprechend den gesetzlichen Bestimmungen zugelassen, geprüft und gekennzeichnet sein und als Eigentum der Fremdfirma kenntlich gemacht werden. Die Mitarbeiter müssen mit diesen Gerätschaften umgehen können und dürfen sowie die möglichen Gefahren kennen, die durch diese Geräte und/oder Materialien ausgehen. Eigene Akku-Ladegeräte dürfen nicht nachts im Unternehmen geladen werden.
5. Die Fremdfirma verpflichtet sich, alle Mitarbeiter über die hier genannten Anforderungen, zu den behördlichen, gesetzlichen, privatrechtlichen und berufsgenossenschaftlichen Bestimmungen sowie zum Einsatz von mitgebrachten Arbeitsmitteln zu unterweisen.
6. Ist durch die Arbeiten der Fremdfirmen eine Gefährdung von Personen nicht ausgeschlossen, ist der Arbeitsbereich von der Fremdfirma selbst abzusichern und der Zutritt nur den Personen zu gestatten, die in diesem Bereich Tätigkeiten auszuführen haben. Der Projektverantwortliche vom Auftraggeber ist in jedem Fall zu informieren.
7. Die Fremdfirma leistet den sicherheitsbezogenen Anweisungen des Arbeitssicherheitspersonals vom Arbeitgeber Folge. Sie informiert den Sicherheitsbeauftragten oder den projektverantwortlichen Auftraggeber beim Auftraggeber rechtzeitig über die Durchführung sicherheitsrelevanter Tätigkeiten. Dazu gehören beispielsweise Hebearbeiten (Kran, Stapler, etc.), Baustellenverkehr (LKW, Lader), Einbringung und Umgang mit Gefahrstoffen, Arbeiten an stromführenden Anlagen, der Umgang mit brandgefährlichen Stoffen

oder Erschütterungsarbeiten; auch Wand- und Deckendurchbrüche sind zu melden.

8. Für Heißarbeiten (Schweiß-, Bohr-, Schneid-, Trennschneid- und Lötarbeiten), ebenso für Grab- und Erschütterungsarbeiten muss eine separate Freigabe (Erlaubnisschein für gefährliche Arbeiten) vorliegen, bzw. vom Projektleiter vor Baubeginn der Arbeiten eingeholt werden.
9. Wir verlangen von jeder Fremdfirma, Arbeitsmittel und Arbeitsverfahren zu wählen, die den aktuellen Regeln der Technik entsprechen, damit Personen- und Umweltbelastungen geringgehalten oder vermieden werden. Harmlose Materialien und Arbeitsverfahren (d. h. leiser, weniger brandgefährlich) sind gefährlicheren bzw. gefährdenderen vorzuziehen.
10. Die Fremdfirma darf Abfälle nicht auf dem Betriebsgelände oder in den Gebäuden lagern. Größere und brandgefährliche Abfallmengen sind mehrfach am Tag zu entfernen. Über Nacht dürfen keine Gasflaschen oder brandgefährliche Gerätschaften in den Gebäuden aufbewahrt werden. Geschaffene Wand- und Deckendurchbrüche sind feuerbeständig zu verschließen. Abfälle dürfen den Arbeitgeber-eigenen Containern nur mit Erlaubnis des Abfallbeauftragten oder seines Vertreters zugeführt werden.
11. Der Fremdfirma ist untersagt, feste, flüssige oder gasförmige Gefahrstoffe in den Liegenschaften vom Arbeitgeber nach Arbeitsende zu hinterlassen oder diese in das Kanalisationsnetz vom Arbeitgeber einzuleiten. In Zweifelsfällen ist mit dem Projektverantwortlichen oder dem Gefahrstoffbeauftragten Rücksprache zu nehmen.
12. Bei Nichtbefolgung dieser Regelungen kann der Arbeitgeber die Arbeiten sofort unterbrechen lassen und diese für den Unternehmer kostenpflichtig durch ein drittes, befähigteres Unternehmen fortführen lassen. Dies wird uns durch Unterschrift hier bestätigt.
13. Der Konsum von Alkohol und Drogen ist auf dem gesamten Betriebsgelände nicht gestattet. Ebenso wenig darf man alkoholisiert, unter Drogen- oder Medikamentenwirkung zur Arbeit erscheinen (0,0 ‰). Auf unserem Gelände herrscht absolutes Rauchverbot an den Arbeitsstellen.
14. Alle Arbeiten sind mit der fachbezogenen Sorgfalt auszuführen. Besonders ist zu jeder Zeit auf Sicherheit zu achten. Sollten fahrlässige Pannen passieren, so dürfen diese nicht vertuscht werden – wir sind an einer professionellen und fairen Lösung interessiert.
15. Auf dem Firmengelände gilt grundsätzlich die StVO mit $v_{max.}$ = 10 km/h.
16. Gültigkeit ab Auftragserteilung.

Wenn eine Baufirma bereit ist, diesen Vertrag zu unterzeichnen, dann liegt recht viel Verantwortung auf den Schultern der Unterzeichner, denn jedes kritisch eingestufte Fehlverhalten könnte hoch geahndet werden.

8.3 Inhalte sicherheitsrelevanter Vorgaben für Baustellen

Hier ist insbesondere die DGUV Vorschrift 38 zu nennen, die ja als sog. autonome Rechtsnorm einem Gesetz gleichzustellen ist; folgendes ist besonders erwähnenswert (ich bitte, diese Vorgabe im Internet zu laden und komplett zu lesen), da es auch den Brandschutz tangiert:

- Überwachung der Arbeiten durch weisungsbefugte Person, um Probleme wie Arbeitsunfälle und Brände präventiv zu vermeiden.
- Es dürfen nur fachlich geeignete Personen eingesetzt werden; das ist wohl das Hauptproblem auf Baustellen.
- Mängel, die auffallen sind zu melden und baldmöglichst zu beseitigen.
- Sicherungsaufgaben dürfen nur von verantwortungsbewussten Personen über 18 Jahre ausgeführt werden.
- Die Regelung von Verkehrswegen ist arbeitstäglich festzulegen, denn es muss für Arbeitsplätze je zwei voneinander unterschiedliche Flucht- und Rettungswege geben; insbesondere sind die Zufahrten (für Feuerwehr und Rettungsdienst) freizuhalten.
- Alle eingesetzten, elektrischen Geräte sind nach DGUV Vorschrift 3 zu überprüfen (pauschal alle 3 Monate, vierteljährlich!).
- Je nachdem, welche Arbeiten anstehen, sind Sicherungsposten stellen.
- Feuerlöscher sind zu stellen (die ASR A2.2 fordert je brandgefährlichen Arbeitsplatz mindestens 6 LE in unmittelbarer horizontaler Nähe).
- Es muss Erste Hilfe und Ersthelfer geben.
- u. v. a. m.

Daneben ist die privatrechtliche VdS 2021 sehr hilfreich, wenn man Tipps zur Baustellensicherheit sucht; hier geht es primär um den Brandschutz und nicht um den natürlich ebenfalls wichtigen Arbeitsschutz, da die Versicherungen diese Vorgabe entworfen haben und zwar aufgrund derer Schadenerfahrung (d. h. diese Tipps stammen aus erlebten Bränden):

- Mindestabstände der zu errichtenden Gebäude zu Bauunterkünften einhalten
- Kennzeichnung der Lagerung leichtentzündlicher Stoffe
- Die Vorgaben der einschlägigen **TRGS, ASR und TRBS** einhalten.
- Rauchverbot für bestimmte Bereiche und zwar immer dort, wo eine Zigarettenglut einen Brand auslösen könnte
- Brennbare Baracken dürfen nur erdgeschossig errichtet werden (sonst maximal 3 Ebenen).
- Abfälle dürfen nicht abgebrannt werden.
- Für Brandwände bei Baracken gilt:
  - alle 30 m (lt. LBO wären Brandwände erst nach 40 m nötig, in Rheinland-Pfalz sogar erst nach 60 m)
  - Immer 30 cm über Dach ziehen
  - 50 cm vor die Seitenwände ziehen

- Feuerstätten sind freizuhalten, sie müssen sicher betrieben werden – besteht eine Gefahr, müssen sie verlegt werden und wärmeerzeugende Gerätschaften wie Heizplatten, Wasserkocher und Kaffeemaschinen müssen auf nichtbrennbare Unterlagen gestellt werden.
- Beim Kochen besonders auf die Brandgefahr achten, denn nicht wenige Brände gehen von den Wohn- und Essbereichen aus.
- Keine offenen Flammen oder andere Zündquellen in Räumen mit Brand- bzw. Explosionsgefahren
- Gasleitungen sind besonders sicher zu verlegen und das bedeutet, dass sie nicht fahrlässig beschädigt werden können.
- Brennbare Flüssigkeiten nur in abgekühlte Geräte geben, d. h. vor der Inbetriebnahme volltanken und nicht zwischendurch (eine häufig missachtete Vorgabe); das Nachfüllen muss im Freien in sicherem Abstand zu Gebäuden stattfinden.
- Brennbare Baustellenabfälle sind regelmäßig zu entfernen, sie dürfen nicht im Untergeschoss gelagert werden.
- Aufschriften auf Dosen, Lacken, Reinigern usw. lesen und diese sicherheitstechnischen Hinweise sind auch zu beachten.
- Vor Aufnahme von feuergefährlichen Arbeiten ist der Bereich auf Feuer- und Explosionsgefahr zu prüfen (messen) – ggf. muss man diese Gefahr zuvor beseitigen.
- Liegt noch eine Brandgefahr vor, so ist immer ein Erlaubnisschein auszufüllen (d. h. man braucht keinen solchen Schein, wenn keine Brandgefahr vorliegt).
- Sollte ggf. noch eine Explosionsgefahr vorliegen, so ist diese zu beseitigen und der Gefahrenbereich ist so lange von Personen frei zu halten.
- Bei feuergefährlichen Arbeiten ist es wichtig, die Bereiche ständig zu be-/entlüften.
- Mobile Brandlasten sind bei feuergefährlichen Arbeiten aus dem Gefahrenbereich vorab zu entfernen.
- Immobile Brandlasten (z. B. bereits verlegte Teppichböden) sind bei feuergefährlichen Arbeiten effektiv abzudecken.
- Öffnungen, in die Glut oder Funken fallen können, sind bei feuergefährlichen Arbeiten effektiv zu verschließen.
- Brennbare Isolierungen müssen an Rohren entfernt werden, wenn an diesen geschweißt wird.
- Alle Rettungswege sind ständig freihalten (Materialien, Fahrzeuge, Müll, Toilettenhäuschen…)
- Rohre, an denen Heißarbeiten durchgeführt werden kann man ggf. mit einer wärmebindenden Paste umgeben, um die Wärme lokal begrenzt zu halten und abzuleiten.
- Man muss qualitativ und quantitativ geeignetes Löschmittel (Art, Menge) bereitstellen.
- Nach der feuergefährlichen Arbeit muss man, so noch eine Brandgefahr besteht, ausreichend lang eine solide, zuverlässige Brandwache stellen.

- Brenner und Lötgeräte dürfen nur auf geeigneten, stabilen und nichtbrennbaren Unterlagen abgelegt werden.
- Lötlampen darf man nicht nachfüllen in brandgefährlicher Umgebung, sondern nur im Freien und bei abgekühlter Lötlampe.
- Mögliche Brandgefahren sind unmittelbar nach entsprechenden Arbeiten zu überprüfen.
- Gase sind sicher lagern (belüften, nicht unter Erdgeschoss, Abstände zu Gebäuden, unzugänglich aufbewahren, möglichst nicht einsehbar von öffentlichem Grund – ansonsten ist die TRGS 510 zu beachten).
- Eingesetzte und noch heiße Lötgeräte sind besonders zu beaufsichtigen.
- Besondere Vorsorgemaßnahmen sind beim Kochen von Speisen zu beachten, denn in diesen Unterkünften (auch durch das Trocknen von nasser Kleidung) brennt es relativ häufig.
- Flüssigkeiten mit einem Flammpunkt < 21 °C dürfen nicht zum Reinigen verwendet werden; Tipp hierzu: Die **TRGS 600** beachten (Substitutionsprüfung), denn auch Flüssigkeiten mit einem Flammpunkt von etwas oberhalb 21 °C sind im Sommer hoch kritisch einzustufen.
- Gasflaschen sind möglichst getrennt von anderen (brennbaren) Gegenständen zu lagern.
- Einige Forderungen aus der DGUV Vorschrift 38 wiederholen sich hier, deshalb sind sie nicht mehr aufgeführt; u. v. a. m.

Wer diese beiden Vorgaben komplett kennt und umsetzt, bei dem wird es bei Bauarbeiten weder zu Bränden kommen, noch zu brandbedingten Arbeitsunfällen.

8.4 Fragen zum Kapitel

1. Wer sollte sich bei Umbauarbeiten um den vorbeugenden Brandschutz kümmern?
   a) Baufirma
   b) Auftraggeber
   c) Brandschutzbeauftragter
   d) Feuerwehr
2. Welche Bedeutung sollte dem Brandschutz bei Renovierungsarbeiten zugedacht werden, wenn diese lediglich einige Wochen dauern?
   a) Keine besonderen
   b) Die nötigen Maßnahmen sind mit dem Teil B der Brandschutzordnung abgehandelt.
   c) Eine große Bedeutung; es sind individuell richtige Maßnahmen umzusetzen.
   d) Selbst jetzt muss der eigentliche Betrieb eingestellt werden.
3. Besondere Brandgefahren bei Bauarbeiten sind:
   a) Feuergefährliche Arbeiten
   b) Raucherverhalten, elektrische Gerätschaften (Strom)
   c) Fehlende Qualifikation der Bauarbeiter

d) Fehlende Unterweisungen sowie keine Handfeuerlöscher im Gefahrenbereich

4. Welche Brandgefahren sehen Sie nachts bei Großbaustellen?
   a) Gasbetriebene Kochgeräte
   b) Raucherverhalten
   c) Falsches Verhalten aufgrund von Alkoholgenuss
   d) Feuergefährliche Arbeiten wie Schweißen

5. Bei welchen Arbeiten kann es eine Brandgefahr geben?
   a) Schweißen
   b) Löten
   c) Flexen
   d) Hartholz bohren oder fräsen

6. Welche Gefahren gehen von Acetylenflaschen aus?
   a) Primär Erstickungsgefahr
   b) Gefahr der Selbstentzündung
   c) Explosionsgefahr
   d) Keine, da das Gas (Schutzgas) nicht brennbar ist

7. Benötigen wirklich alle Unternehmen Brandschutzhelfer und wenn ja, wie viele?
   a) Ja
   b) 25%
   c) Nur Unternehmen mit mehr als zehn Beschäftigten
   d) Nur Unternehmen mit erhöhter Brandgefahr, dann mindestens 5% der Belegschaft

8. Benötigen wirklich alle Unternehmen Handfeuerlöscher und wenn ja, wo findet man dazu Vorgaben?
   a) Ja, in der ASR A2.2
   b) Nein
   c) Ja, lt. BGR 133
   d) Ja, lt. Bauordnung

9. Sollte man brandschutztechnische Forderungen bei Bauarbeiten im Vertrag mit den Firmen aufnehmen?
   a) Ja
   b) Nein, weil es juristisch nicht bindend ist
   c) Das ist nicht fakultativ, sondern sogar obligatorisch
   d) Das macht keinen Sinn, weil sich die Unternehmen ohnehin nicht daran halten

10. Wo findet man weiterführende Informationen zu Brandschutzmaßnahmen bei Bauarbeiten?
   a) VdS 2021
   b) TRGS 0833
   c) VDI Merkblatt BA25/3
   d) DGUV Vorschrift 38.

9 Unterweisungen

Mit dem Satz „Das habe ich nicht gewusst" versuchen sich die meisten nach Bränden oder Arbeitsunfällen aus der juristischen Schusslinie zu bringen. Wie wenig hilfreich das ist, sollte jedem Menschen mit klarem Verstand einleuchten. Es wird nämlich schlichtweg erwartet, dass man weiß, was zu tun und was verboten ist und dass man ausschließlich Dinge tut, die man kann und darf. Weiß man etwas nicht, muss man sich die Informationen holen (Holschuld, keine Bringschuld!). So einfach ist es natürlich auch nicht, denn manchmal ist der Arbeitgeber in Form des direkten Vorgesetzten auch in der Verpflichtung, sicherheitstechnisches Gedankengut vor Aufnahme der Tätigkeit zu vermitteln. Juristisch spricht man hier von Bringschuld oder Holschuld.

9.1 Belegschaft

Die Belegschaft muss Dinge über Brandschutz (und Arbeitsschutz und anderes mehr) wissen, damit sie die ihr übertragenen Aufgaben sicher ausführen kann. „Sicher" bedeutet, dass weder Menschen ein Leid, noch Gegenständen ein Schaden zugefügt wird. Das mag in der Theorie sehr anständig, sozial und nachvollziehbar klingen – in der Praxis bedeutet es a), dass wir eingeschränkt in unserer Handlungsfreiheit werden, weil wir Vorgaben beachten müssen und b) bedeutet das, dass Menschen während der Arbeitszeit nicht arbeiten, sondern vielleicht eine Stunde lang unproduktiv vor einer referierenden Person sitzen. Aus diesem Grund finden Schulungen manchmal nicht statt oder zumindest nicht in der nötigen Tiefe. Nun haben Unternehmen Personen, die in der Kantine arbeiten, in der Verwaltung, in der EDV, in den verschiedenen Produktionsbereichen, als Außendienstler, im Montage- oder Lackierbereich, in der Materialausgabe oder im Lager. All diese unterschiedlichen Arbeitsplätze beinhalten andere Gefahren, die individuell vermittelt werden müssen. Das bedeutet, man setzt bei Schulungen die Gruppen möglichst homogen zusammen und nicht heterogen. Natürlich sind andere Dinge wie die Brandschutzordnung allgemeingültig, das brandgerechte Verhalten im Parkhaus ebenso oder in Fluren und Treppenräumen. Aber viele Dinge eben auch nicht, z. B.:

- Fritteuse in Kantinenküche
- Gabelstapler-Ladebereiche
- Brandschutz bei Lackierarbeiten
- Ladevorgänge für Flurförderzeuge einleiten
- Niederspannungs-Hauptverteilung
- CNC-Fräsmaschine
- …

Anhand dieser wenigen Beispiele sieht man schnell, wie unnötig und langweilig eine Schulung über Bereiche ist, in denen man selbst nicht arbeitet und dann passiert es eben schnell, dass man in einer Schulung auch die Dinge überhört, die für den eigenen Arbeitsplatz wichtig sind. Nach Brandschäden kann es dann Probleme mit der Berufsgenossenschaft, der Feuerversicherung oder auch der Staatsanwaltschaft geben, das gilt es präventiv zu vermeiden.

Die Schulungen sollen zu Zeiten sein, wo das Auditorium auch aufnahmefähig ist, also nicht nach einem arbeitsreichen Tag, sondern dazwischen oder davor. Auch ist es nicht zumutbar, dass die Belegschaft nach einer Schulung das gleiche Tagespensum wie sonst absolvieren muss, denn dann wird Zeitdruck entstehen und die Akzeptanz des Brandschutzes nachlassen. Die schulende Person muss die Schulung gut, ja sehr gut vorbereiten und konkrete Punkte vermitteln; dabei dürfen nicht mögliche Strafen bei Nichtbeachtung im Vordergrund stehen, sondern der Sinn von Vorgaben ist zu vermitteln.

Ob eine Forderung nach einem bestimmten Verhalten in der Landesbauordnung, der DGUV Vorschrift 1, dem VVG, der ASF, der ASR A2.2, der Arbeitsstättenverordnung oder der TRGS 510 stammt, ist bei einer Schulung ohne Bedeutung: Man schult eben, was gefordert ist und dabei ist es unerheblich, wer diese Forderung stellt.

9.2 Vorgesetzte

Die Feuerversicherungen fordern in der **VdS 2038** (die meist Bestandteil der industriellen Versicherungsverträge sind), dass **Vorgesetzte zu unterweisen** sind. Diesen Personen, die ja eine Vorbildfunktion haben (sollten), müssen deutlich tieferes und mehr Wissen haben als die restliche Belegschaft. Vorgesetze müssen sich ihrer Verantwortung bewusst sein und zwar nicht nur der Geschäftsführung, sondern den ihnen unterstellten Menschen gegenüber ebenso! Eine solche Schulung soll und darf dann etwas direkter, fordernder, anspruchsvoller sein als eine Schulung der Belegschaft. Triviale Dinge sind hier nicht zu vermitteln, sondern komplexere wie z. B. Fachwissen und Notwendigkeit einer Gefährdungsbeurteilung, die Forderung nach einer Substitutionsprüfung aller eingesetzten Stoffe oder die Notwendigkeit und den konkreten Inhalt eines sog. Schweißerlaubnisscheins – aber noch vieles mehr, z. B. die Brandschutzordnung, Teil C, wird ausführlich vorgestellt.

Bereits bei der Auswahl von Vorgesetzten müssen Unternehmen nicht nur auf die fachliche, sondern zunehmend mehr auf die persönliche Eignung achten und das bedeutet zu verstehen, wie wichtig das Einhalten von Vorgaben ist oder auch, welche große Bedeutung Kontrollen haben.

9.3 Fremdhandwerker

Gehen Sie davon aus, dass ein Fremdhandwerker nicht Sie, sondern seinen Chef als Vorgesetzten ansieht; nicht Ihr Unternehmen, sondern das, von dem er sein Gehalt überwiesen bekommt, ist „sein" Unternehmen. Wenn Sie also das Ganze mal aus dieser Richtung, mit dieser Brille sehen, verstehen Sie, welche primären Ziele Fremdhandwerker haben. Und der Chef von der bei Ihnen arbeitenden Person hat auch ein Interesse: Die dort von ihm gestellte, arbeitende Person soll das möglichst schnell und eben so ausführen, dass Mängel nicht (nicht allzu schnell) erkannt werden. Je schneller die Person fertig ist, umso früher kann sie anderswo Geld für das (fremde) Unternehmen bringen.

Soll heißen: Gefährdungsbeurteilungen, das Stellen von Handfeuerlöschern, überlegtes Umgehen mit Abfall u. v. m., das interessiert einen bestimmten Prozentsatz dieser Leute eher weniger. Und genau aus diesem Verhalten heraus passieren Brände und Arbeitsunfälle.

Beispiel: In einem in den 70er Jahren errichteten, pyramidenförmigen Wohn-Hochhaus in München wurden alle Arten von Abfällen in vertikale Schächte gefüllt, um sie nicht anders (aufwändiger) entsorgen zu müssen. Nicht nur Ziegelreste, auch Zigarettenkippen, alte Zeitungen, vergammelte Lebensmittel (!) und anderes kam 2019 bei einer größeren Renovierung zum Vorschein. Anderswo wird es grundlegend nicht anders sein.

Sie müssen Fremdhandwerkern von Anfang an klar machen, was hier geht und wie es geht und was hier nicht geht; wer was zu sagen, zu bestimmen hat – nicht um andere zu gängeln, sondern aus Gründen der Sicherheit. Ein intelligentes Sprichwort sagt „Der Fisch fängt am Kopf zu stinken an.", und das bedeutet auf diese Thematik übertragen, wir müssen primär nicht den Arbeitern, sondern deren Vorgesetzten (dem Auftragnehmer) einiges mit auf den Weg geben, und zwar lange bevor ein Auftrag ausgeführt wird.

9.4 Zusammenarbeit Brandschutzbeauftragter – Sifa

Diese beiden Funktionen können natürlich auch in einer Person vereint sein. Doch wenn es sich um zwei Personen handelt oder gar – bei großen Unternehmen üblich – um zwei Abteilungen, dann ist es ganz wichtig, dass man sich kennt, mag und konstruktiv zusammenarbeitet. Es darf kein Konkurrenzdenken geben, sondern man muss sich gegenseitig helfen – das Ziel ist es, die Sicherheit im Unternehmen zu optimieren. So macht man z. B. auch Begehungen gemeinsam – denn die Akzeptanz im Unternehmen lässt deutlich nach, wenn am Montag die eine und am nächsten Donnerstag die andere Person eine Betriebsbegehung vornimmt und dabei 50 % identische Fragen stellt. Wenn beide Fachleute unterschiedliche Ausbildungen haben, umso besser – die ergänzen sich oft optimal.

9.5 Fragen zum Kapitel

1. Wer muss die Belegschaft brandschutztechnisch unterweisen lassen?
   a) Chef/vorgesetzte Person
   b) Brandschutzhelfer
   c) Brandschutzbeauftragter
   d) Das ist nicht gefordert
2. Wer darf – wenn er es fachlich kann – die Belegschaft brandschutztechnisch unterweisen?
   a) Chef/vorgesetzte Person
   b) Brandschutzbeauftragter

c) Fachkraft für Arbeitsschutz
d) Keine der bei a) – c) genannten Personen, das ist hoheitliches Recht bzw. Pflicht der Berufsgenossenschaft

3. Was soll/kann man über Brandschutz der Belegschaft vermitteln?
   a) Brandschutzordnung, Teil B
   b) Relevante Informationen aus der ASR A2.2
   c) Betriebsanweisungen, so sie in Richtung „Brandschutz" gehen
   d) Präventiven und kurativen Brandschutz an den jeweiligen Arbeitsplätzen

4. Wie werden Brandschutzunterweisungen wohl am ehesten gut an- und aufgenommen?
   a) Schulung nach der Arbeitszeit
   b) Homogene Gruppen
   c) Heterogene Gruppen
   d) Möglichst zwei Stunden oder länger am Stück

5. Wen aus der Belegschaft sollte man über Brandschutz nicht unterweisen?
   a) Externe
   b) Küchenpersonal
   c) Außendienstler
   d) Weder, noch: Alle müssen unterwiesen werden.

6. Wann ist die ideale Zeit, um das Personal über Brandschutz zu unterweisen?
   a) Bevor man 8 Stunden arbeitet
   b) Nachdem man 8 Stunden arbeitet
   c) Während der Arbeitszeit
   d) Am Wochenende, in der Ruhe der Freizeit

7. Wer fordert sicherheitsbezogene Schulungen?
   a) Versicherung
   b) Gewerbeaufsicht
   c) Berufsgenossenschaft
   d) Bundesumweltamt

8. Welche Bauordnung fordert brandschutztechnische Unterweisungen?
   a) Landesbauordnung
   b) Industriebau-Richtlinie
   c) Garagen- und Stellplatz-Bauordnung
   d) Keine

9. Wer fordert, dass vorgesetzte Personen zusätzlich besonders geschult werden müssen in Richtung Brandschutz?
   a) Niemand
   b) Berufsgenossenschaft
   c) Feuerversicherung
   d) TRGS 510

10. Braucht man bei Bauarbeiten, die von lediglich einem Unternehmen ausgeführt werden, eine Gefährdungsbeurteilung?
    a) Ja
    b) Nein
    c) Nur, wenn feuergefährliche Arbeiten anstehen
    d) Nur, wenn die Arbeiten 500 Personentage überschreiten und wenn sog. gefährliche Arbeiten anstehen.

10 Dämmung von Gebäuden

Am 01.12.2014 hatte das kritische Blatt DER SPIEGEL in der 49. Ausgabe den Titel „Die Volksverdämmung; wie Mieter und Hausbesitzer um Milliarden betrogen werden", und darin standen viele gute Argumente für nichtbrennbare Dämmstoffe. Eigentlich war das halbe Heft damit gefüllt, Argumente gegen brennbare Dämmungen aufzuzeigen, zum Teil sehr dramatisch und fachlich übrigens recht gut recherchiert. Es gibt bereits einige Versicherungen, die 35% Zuschlag für **Polystyrol**-gedämmte Fassaden und Flachdächer nehmen, eine sehr große Rückversicherung überlegt bereits, einen Multiplikationsfaktor für die Versicherungsprämien einzuführen. Eine große Industrieversicherung sagt bereits, dass brennbar gedämmte Gebäude (z. B. Hotels) für sie nicht mehr versicherbar sind, andere erhöhen neben der Prämie auch die sicherheitstechnischen Auflagen. Unsere Lehre als Brandschützer soll, nein muss sein – unabhängig vom politisch motivierten Trend (der ja in Richtung Polystyrol geht), dem Unternehmen möglichst wenig Schaden und möglichst viel Nutzen zu bringen. Nun muss man sich als kritischer Bürger fragen, warum denn dieser Trend von der Politik vorgegeben wird und zweitens, ob man diesen Weg auch wirklich gehen will, ob man langfristig sich und der Umwelt damit einen Gefallen tut.

Ein Branddirektor, der die Bundesregierung beraten darf und hier namentlich nicht genannt werden will, sagte dem Autor dieses Buchs: „Auf diesem Ohr ist die Regierung taub!". Wir sind ja nicht verpflichtet, Polystyrol als Dämmstoff zu nehmen. Fakt ist aber, dass Polystyrol deutlich schneller und in größerem Maße hergestellt werden kann als Steinwolle, und da beides gesetzlich erlaubt ist, brennen die Polystyrol-gedämmten Häuser also „gesetzeskonform" ab.

Versicherungen können und dürfen höhere Ansprüche an den Brandschutz haben, als es der Gesetzgeber vorsieht, und auch deshalb macht es Sinn, vor einer Veränderung an Gebäuden mit dem Versicherer als Partner zu sprechen.

Wird neu gebaut, wählt man bitte Dämmstoffe, die nichtbrennbar sind oder man hat ein Mauerwerk mit so guten Dämmwerten, dass eine zusätzliche Dämmung unnötig wird. Den beiden Argumenten, nichtbrennbare Dämmstoffe wären teurer und nicht ganz so effektiv, muss man – wie bei allem im Leben – objektiv die Gegenargumente gegenüberstellen. Fakten sind:

a) Die Dämmwirkung von Kunststoffen (die ja nichts anderes sind als geschäumtes Erdöl mit einer Brandlast von vielleicht 12–15 l Diesel je m^2) ist etwas höher bei gleicher Dicke, doch das ist marginal und lässt sich kompensieren durch mehr Material.

b) Die Herstellungskosten und auch der zeitliche Aufwand der Anbringung ist bei Kunststoffen günstiger; doch diese Kosten sind einmalig und liegen vielleicht nur 10–15% höher, sind also über die Lebensdauer eines Hauses gesehen nicht relevant.

Doch nun die Vorteile: Die Entsorgungskosten des Materials „Polystyrol" sind in keinen Amortisationsrechnungen berücksichtigt, und die sind hoch, werden immer höher. Noch gibt es nicht genügend Recyclinganlagen für Polystyrol, das mit Kleber, Netz und Putz verunreinigt ist. Ein weiterer, wesentlicher Faktor ist, dass nichtbrennbare Dämmung nicht – wie Polystyrol – nach 30–50 Jahren entsorgt (da kaputt) werden muss und nicht bei Anstoßen (oder durch das Picken zum Nestbauen von Vögeln) Löcher bekommt.

Wenn man nun nicht Lobbyist der Polystyrol-Industrie ist, wird man objektiv zu dem Schluss kommen, dass Kunststoffdämmung unökologisch und verantwortungslos ist. Es gibt heute Ziegelsteine mit etwas mehr Inhaltsstoffen und auch dämmenden Luftbläschen, die keine zusätzliche Dämmung mehr benötigen. Und für Industriehallen, Flachdächer und Holzdachstühle gibt es Steinwolle, die nicht mehr dem Verdacht unterliegt, Krebs zu verursachen oder andere Krankheiten. Zudem ist die Entsorgung der angeschraubten, nichtbrennbaren Dämmungen bei Gebäudeabriss deutlich preiswerter als Polystyrol-Dämmungen.

Wenn man ein bereits mit Polystyrol gedämmtes Gebäude in seinem Bestand hat (sog. Vollwärmeschutz), dann bleibt nichts anderes übrig, als eben mit diesem Risiko weiter zu leben. Doch wenn man neu baut, dann sollte der Brandschutzbeauftragte sich wirklich dafür stark machen, dem Polystyrol-empfehlenden Architekten hier klar zu machen, dass diese Lösung eben keine Lösung ist und hier nicht erwünscht wird. Schützenhilfe können Sie sich vom Versicherer holen.

Es gibt ziemlich hilflose Vorschläge, die Gefahren durch Fassadenbrände zu minimieren, z. B. durch das Einfügen eines horizontalen Sperr-Riegels alle 2 Etagen oder oberhalb jeden Fensters. Auch die Erhöhung der Putzdicke von 5 mm auf 10 mm wird manchmal empfohlen und das bringt ja auch etwas – doch wer gleich nichtbrennbare Dämmstoffe wählt, dessen Fassade kann auch bei hoher Beflammung nicht brennen! Diese Sperr-Riegel sind sinn- und nutzlos, denn wenn eine Flamme aus einem Fenster schlägt und vielleicht 3–5 m hochschlägt, dann wird sie sich nicht von 10 oder 20 cm schmalen, nichtbrennbaren Riegeln abhalten lassen, auch wenn sich das infantile Gutmenschen so einfach vorstellen!

Vermeiden Sie all diese Diskussionen und Probleme, indem Sie intelligent und langfristig problemlose Gebäude bauen bzw. herstellen.

Aber bitte stellen Sie auch keine Abfallbehälter oder Holzpaletten an der Fassade ab, unabhängig ob brennbar oder nichtbrennbar; Hintergrund ist, dass die **Landesbauordnung** fordert, dass Abfälle „sicher" (gemeint ist: brandsicher) gelagert werden müssen und zwar entweder in eigens dafür vorgesehenen Räumen, oder im Freien in „sicherem" (gemeint ist: brandsicherem) Abstand zu Gebäuden. Allerdings gibt es keine Institution (Behörde, Gesetz, Versicherung), die mutig genug ist uns zu sagen, welcher horizontale Abstand denn als „sicher" einzustufen sei. Fakt ist, dass wenn ein Brand von den Gegenständen auf das Gebäude überschlägt, der Abstand offenbar nicht ausgereicht hat und das kann (kann, nicht muss) Versicherungen dazu bringen, Schadenzahlungen ganz oder teilweise abzulehnen. Damit es so weit nicht kommt, soll sich der Brandschutzbeauftragte stark mit der Thematik der Brandlasten an, vor und in der Nähe von Gebäuden beschäftigen – und das muss auch das Abstellen von Kraftfahrzeugen und E-Bikes beinhalten.

Ein bekannter und fähiger Branddirektor Deutschlands sagte auf der SicherheitsEXPO in München vor wenigen Jahren: „Es ist ein Wahnsinn! Wir errichten seit Jahrhunderten nichtbrennbare Gebäude und heute gehen wir her und verpacken sie brennbar!" Viele Brände (sehen Sie mal ins Internet!) belegen, dass solche Gebäude deutlich häufiger brennen und dann eben komplett aus- und abbrennen und nicht lediglich einen Teilschaden haben. Dass Versicherungen jetzt mehr Geld benötigen, ist offensichtlich und wirtschaftswissenschaftlich auch für Nichtfachleute einfach nachvollziehbar.

Man muss in diesem Zusammenhang wissen, dass die deutsche Definition für „schwerentflammbar" nicht mit „schwerbrennbar" oder gar „harmlos" gleichzusetzen ist. Die Politik hat in den 70-er Jahren u. a. Professoren von der Universität-Gesamthochschule Wuppertal gebeten, die DIN 4102 zu kreieren und dabei vorgegeben, dass man sich ein System überlegen soll, das den Dämmstoff „Polystyrol" als schwerentflammbar definiert. Daraufhin wurde ein mit gesundem Menschenverstand nicht nachvollziehbares System entwickelt (das einen habilitierten Theoretiker aber überzeugt), das eben Polystyrol als harmloser einstuft als z. B. Holz (!). Die hieraus resultierenden Probleme wären alle nicht existent, wenn man auf diese unnötige Gefährdung verzichtet – sprich intelligent Gebäude errichtet und auf brennbare Dämmstoffe verzichtet. Den Umweltschutz erreicht man auch anders und dann ist es wirklich – da nichtbrennbar – umweltfreundlich.

Wer in Büros und Wohnungen einen Teppichboden oder PVC-Bodenbelag oder sonst einen brennbaren Bodenbelag verlegt, der hat das Richtige getan: Davon geht kaum eine Brandgefahr aus – auch aufgrund des Anbringorts „Boden" – wären diese Gegenstände an der Decke, würde die Einstufung anders aussehen. Man sieht, brennbare Gegenstände, die fest mit Gebäuden verbunden sind, müssen nicht immer als negativ eingestuft werden. Bei außen an der Fassade oder am Dach angebrachten Dämmstoffen ist es aber so, dass diese immer negativ zu beurteilen sind, so sie als brennbar eingestuft werden.

10.1 Neubau

Bei einem Gebäude geht man davon aus, dass die Errichtungskosten bei unter 10% und die Betreiberkosten (Renovierung, Heizung, Reinigung...) über Jahre und Jahrzehnte bei ca. 90% liegen; die Abbruchkosten liegen bei wenigen Prozentpunkten. Man sieht, wie wichtig es ist, die Unterhaltskosten möglichst gering zu halten und das gelingt u. a., wenn man nichtbrennbare Dämmung anbringt – dann nämlich ist die Fassade physisch stabil und auch Vögel werden keine Löcher in sie hineinschlagen können. Aber auch die Abbruch- und Entsorgungskosten steigen stark, wenn man mit einem Kleber Polystyrol an die Fassade anklebt – Kosten, die bei einer nichtbrennbaren Dämmung nicht entstehen.

Wir sehen, es ist entscheidend, dass man ein Gebäude vernünftig plant und das bedeutet auch, es langfristig zu sehen und nicht die Anschaffungskosten oder den Dämmwert als primär entscheidende Faktoren einzustufen.

Es gibt eine Versicherung, die stuft Unternehmen a) nach der Unternehmensart und b) nach der Brennbarkeit der Dämmung der Wände und des Dachs ein; ist die Dämmung brennbar, so erfolgt die Einstufung um eine Stufe höher (kritischer) – daraus resultieren zum einen höhere Versicherungsprämien und zum anderen höhere sicherheitstechnische Auflagen, d. h. es wird doppelt teuer.

Beim Neubau ist also darauf zu achten, dass möglichst keine relevanten brennbaren Dämmungen angebracht werden und die Vorgaben an den Dämmwert durch nichtbrennbare Baustoffe erreicht werden. Dann ist weiter relevant, welchen Feuerwiderstands-Zeitwert die das Dach tragenden Teile haben, hier wäre eine Einstufung in „feuerhemmend" (d. h. mindestens 30 Minuten) äußerst sinnvoll und auch das würde sich günstig auf die Feuerprämien auswirken. Zudem bedeutet das, dass eine Betriebsunterbrechung auch kürzer ausfallen würde.

Bedenken Sie, dass bei der Planung eines Gebäudes so gut und effektiv und oft auch so günstig wie nie wieder im Lebenslauf eines Gebäudes bestimmte Dinge Berücksichtigung finden können und das sollte man tunlichst ausnutzen. Es ist auch zu berücksichtigen, dass ja oft nichts so beständig wie die stetige Veränderung ist, d. h. ein Gebäude sollte auch entsprechend flexibel sein und das betrifft die technische Infrastruktur (z. B. Entrauchung, Besprinklerung) ebenso wie die baulichen Gegebenheiten – etwa das Versetzen von Wänden mit brandschutztechnischer Eigenschaft oder auch die maximal erlaubten Fluchtweglängen.

10.2 Bestand

Bei bestehenden Gebäuden ist der Blickwinkel anders als bei Neubauten: Hier stellt sich die Frage, ob man überhaupt dämmen muss oder will. Ein „muss" ist wohl gesetzlich nicht gegeben und auch ein Wollen ist zu hinterfragen: Die Einsparung einer preiswerten bzw. billigen Polystyrol-Dämmung ist, die heutigen Preise für das Betreiben einer Heizung als Grundlage angesetzt, nach verschiedenen Berechnungen für unterschiedliche Gebäudearten und -nutzungen zwischen 30 und 50 Jahren gegeben. Wer heute ernsthaft voraussagen will, welche Heizungskosten in 30 und mehr Jahren entstehen, der wird wenig solide erscheinen – soll heißen, dass die Dämmung sich wohl nicht amortisieren wird. Dies auch unter der Tatsache betrachtet, dass die Herstellung der Dämmung und deren Anbringen ja ebenfalls Kosten für Energie entstehen, die man in die ökologische Betrachtung einrechnen muss. Manchmal liest man Phantasiezahlen von 50 % und mehr Einsparung bei Heizkosten durch den sog. Vollwärmeschutz. Wer in einem Gebäude mit neuer Dämmung und modernen Dreifachverglasungen wohnt weiß, dass die Einsparungen an den Heizkosten wohl nicht mal bei 5 % liegen! Dessen ungeachtet jedoch bleiben die Vorgaben bestehen und will die Bundesregierung, dass nichtbrennbare Gebäude brennbar verpackt werden!

Bei bestehenden Gebäuden sollte nichts nachgerüstet werden und wenn doch, dann nichtbrennbare Produkte, oder lediglich neue Fenster mit besseren Rahmen und effektiver Dreifachverglasung.

Anders sieht es aus, wenn man das Dachtragwerk ertüchtigen will, da kann eine brandschutztechnische Lackierung bzw. Beschichtung oder eine Einkofferung sehr vernünftig sein – aber auch hier muss man individuell abwägen: Wenn das Gebäude dadurch vor dem Einsturz im Brandfall bewahrt werden kann, dann würde sich eine Betriebsunterbrechung um ca. 12 Monate verkürzen, d. h. dann wäre es sinnvoll. Wenn dem nicht so ist, wenn man günstige Ausweichmöglichkeiten hat oder wenn die Brandlasten nicht so hoch sind, dass das passieren kann, dann ist ein anderer Schluss denkbar und wahrscheinlich.

Was man auch mit fähigen Fachleuten besprechen muss, das ist die Wirkung der Dämmung in Verbindung mit neuen Fenstern. Manchmal nämlich ist durch die Dämmung die Möglichkeit der Feuchtigkeitsdiffusion so weit reduziert, dass es Schimmel- und Stockflecken außen und/oder innen gibt und das ist für das Gebäude schädlich und für Menschen ohnehin. Eine daraufhin manchmal nachträglich eingebaute Zwangsbelüftung zeigt, wie hilflos und unausgegoren diese Dämm-Maßnahmen sein können, denn diese Zwangsbelüftungen werden über die Monate und Jahre voller Keime sein, die ihrerseits Krankheiten bewirken. Wenn man also ab und zu mal das Fenster aufmacht bzw. aufmachen kann und konventionell errichtete, nichtbrennbare Mauern hat, ist das physiologisch gesehen wohl der normale und beste Zustand.

10.3 Fragen zum Kapitel

1. Welche Dämmungen an Gebäuden sind verboten?
   a) Leichtentflammbare
   b) Normalentflammbare
   c) Schwerentflammbare
   d) Nichtbrennbare
2. Wie sind nichtbrennbare Dämmstoffe einzustufen?
   a) Umweltschädlich
   b) Sie haben eine erhöhende Wirkung auf die Versicherungsbeiträge.
   c) Sie sind für Gebäude ab dem Baujahr 2022 verboten.
   d) Sinnvoll
3. Kann sich die Wahl der Gebäudedämmung auf die Höhe der Versicherungsbeiträge auswirken?
   a) Ja, leichtentflammbare Dämmstoffe um bis zu 100%
   b) Ja, normalentflammbare Dämmstoffe um bis zu 50%
   c) Nur bei Industriehallen
   d) Ja
4. Dürfen Feuerversicherung höhere Brandschutzforderungen stellen als staatlich angeordnete Gesetze?

a) Ja
b) Nein
c) Nur für Gebäudeversicherungen, nicht für die Inhaltsversicherungen und auch nicht für die Betriebsunterbrechungsversicherungen
d) Nur für die Inhaltsversicherungen und die Betriebsunterbrechungsversicherungen, nicht aber für die Gebäudeversicherungen

5. Gibt es nichtbrennbare Dämmstoffe für Flachdächer und wenn „ja", wie stufen Sie diese ein?
   a) Nein
   b) Ja
   c) Sinnvoll
   d) Eher weniger sinnvoll

6. Wie ist „schwerentflammbar" nach DIN 4102 bei Fassaden- und Flachdachdämmung einzustufen?
   a) Langsame Brandausbreitung, hat kaum einen Einfluss auf die Brandentwicklung
   b) Ggf. rasante Brandausbreitung, kann einen wesentlichen Einfluss auf die Brandausbreitung haben
   c) Beides ist lt. Landesbauordnung verboten.
   d) Beides ist zwar lt. Bauordnung erlaubt, aber versicherungsrechtlich verboten.

7. Was ist in Bürogebäuden bis zur Hochhausgrenze nicht verboten?
   a) Leichtentflammbare Teppiche, die lose auf dem Parkettboden liegen
   b) Leichtentflammbare Fußabstreifer im Treppenraum vor den Eingängen
   c) Nichtbrennbare Dämmstoffe am Gebäude
   d) Schwerentflammbare Dämmstoffe

8. Wann bzw. wo ist eine schwerentflammbare Dämmung immer sinnvoll?
   a) Neubau
   b) Altbau
   c) Anbau
   d) Nirgends

9. Kann man offenen, tragenden Stahl feuerhemmend oder gar feuerbeständig ausbilden?
   a) Nein
   b) Ja, z. B. mit einem dafür zugelassenen Anstrich
   c) Ja, z. B. mit einer Gipskarton-Einhausung
   d) Ja, z. B. mit einer Betonfüllung außen

10. Wen würden Sie sinnvollerweise befragen, welche Dämmstoffe sinnvoll sind?
   a) Feuerwehr
   b) Vertriebsingenieur eines PS-Dämmstoffherstellers
   c) Feuerversicherung
   d) Staatsanwaltschaft.

11 Versicherungsrechtliches Grundwissen

Allein diese Thematik sprengt in ihrer Komplexität den Rahmen des Buchs, deshalb finden sich hier lediglich einige wenige relevante Informationen aus dem Bereich der Feuerversicherungen. Wie Versicherungen Unternehmen einstufen und sehen, ist branchenbezogen und versicherungsartbezogen unterschiedlich. Auch versicherungsintern werden gleichartige Unternehmen unterschiedlich betrachtet, wie die nachfolgende Tabelle eindrucksvoll belegt:

Schulnotenprinzip (1–6)	Versicherungsart		
Unternehmensart	Feuer	Einbruch	Haftpflicht
PS-Dämmplattenherstellung	6	1	2
Goldmünzengießerei	2	6	1
Erdöl-Raffinerie	5	2	5
Schreinerei	5	1	1
Pharmakonzern	2	3	4

Tab.: Versicherungsarten

Hier geht es jetzt lediglich um das Risiko „Feuer", alle anderen versicherbaren Gefahrenarten bleiben unkommentiert. Der **Feuerversicherer** ersetzt versicherte Gegenstände auf versicherten Grundstücken und der Feuer-**Betriebsunterbrechungsversicherer** ersetzt die aufgrund der Unterbrechung entstehenden Kosten und Schäden für entgangenen Gewinn, Lohnfortzahlungen, Mieten und andere, weiterlaufende Verbindlichkeiten. Es ist anzumerken, dass in der Industrie der Anteil der Unterbrechungskosten bei 55–60 % liegen, d. h. mehr als den eigentlichen Sachschaden ausmachen.

Fakten sind: Unternehmen müssen sich nicht versichern und Versicherungen müssen keinen Versicherungsschutz anbieten.

Man kann sich jetzt aufgrund eigener Einschätzung schnell eingruppieren, ob Feuerversicherungen diese Unternehmensart eher positiv oder eher kritisch sehen. Bei Null ist das Feuerrisiko (im Gegensatz zum Explosionsrisiko, das in vielen Unternehmen ja tatsächlich nicht existent ist) jedoch nie anzusiedeln. Und es wird einem schnell klar, welche Maßnahmen dazu führen, attraktiver oder eben weniger attraktiv zu wirken für die Gutachter der Versicherungsgesellschaften.

11.1 Allgemeine und individuelle Vorgaben

Es gibt allgemeine und individuelle Vorgaben, die Versicherungen üblicherweise in Verträge schreiben. Die allgemeinen Vorgaben der mitteleuropäischen Industrieversicherungen heißen **Allgemeine Sicherheitsvorschriften der Feuerversicherer** (kurz: ASF) und werden mit der Bezeichnung VdS 2038 (der Aushang: VdS

2039) abgekürzt. Über diese allgemeinen Vorgaben wird nachfolgend kurz berichtet, über die individuellen kann verständlicherweise nichts geschrieben werden, denn die können auch bei nahezu identischen Unternehmen aufgrund anderer Randbedingungen, des Standorts oder aufgrund von Vorschäden anders aussehen. Die ASF fordert:

Forderung der VdS 2038	Deutung, Bedeutung, Interpretation
Werden gesetzliche und behördliche Vorschriften nicht eingehalten, kann der Versicherungsschutz beeinträchtigt sein.	Dies gilt immer dann, wenn es einen direkten kausalen Zusammenhang zwischen dem Verstoß und dem Schaden oder zur Schadenvergrößerung gibt; damit sind grundsätzlich alle gesetzlichen Vorgaben (vgl. Kap. 1) gefordert.
Das im Versicherungsvertrag schriftlich Festgehaltene gilt über die gesetzlichen Bestimmungen hinaus.	Der Versicherer kann und wird meist ein Mehr fordern an sicherheitstechnischen Vorkehrungen und da diese im Vertrag fixiert sind, muss man sie a) kennen und b) umsetzen.
Es werden „geeignete" Handfeuerlöscher gefordert und zwar für alle Bereiche (individuell also unterschiedliche), in denen ein Brand ausbrechen kann: Kantine, Büro, Produktion (en), Lager, Technik…	Das bedeutet, dass das jeweilige Löschmittel nicht nur effektiv löschen muss, sondern auch einen möglichst geringen bis keinen Schaden anrichten darf. Hintergrund dieser Forderung ist, dass man das Löschmittel ABC-Pulver so weit wie möglich verdrängen möchte und für Gerätebrände gern CO_2 gestellt sehen möchte.
Es muss im Unternehmen eine Brandschutzordnung (meist die Teile A – Aushang, B – kuratives und präventives Verhalten und C – Verhalten bei Räumung) und auch eine Feuerlöschordnung geben.	Zum einen gibt es die DIN 14096, nach der die 3 Teile A, B und C der Brandschutzordnung erstellt werden, die dann jeder im Unternehmen kennen muss; daneben gibt es die ASR A2.2, die regelt, was Brandschutzhelfer wissen müssen und wie viele es in einem Unternehmen geben muss.
Es muss ein absolutes Rauchverbot eingeführt werden an allen Stellen im Unternehmen, wo dadurch bedingt eine Brandgefahr entstehen kann (insbesondere bei leichtentflammbaren Gegenständen).	Das bedeutet, es darf in den Unternehmen Raucherbereiche geben und diese sind so zu platzieren, dass hier kein Brand seinen Entstehungsort haben kann; die Nichtraucherschutzverordnung ist hiervon unberührt. In Lager- und Produktionsbereichen muss ein Rauchverbot herrschen.
Es darf/soll Raucherbereiche geben, die abgesichert sind.	Diese Bereiche sind brandlastfrei und, so sie in Gebäuden sind, mit Aktivkohlefiltern versehen
Es muss eigene Behälter geben, in denen Rauchzeugreste (Kippen) entsorgt werden	Diese Behälter sind nichtbrennbar, unzerbrechlich und dicht und deren Inhalte werden erst nach 24 Stunden dem Restmüll zugegeben.
Die hier relevanten Sicherheitsvorschriften sind den Vorgesetzten bekannt zu geben.	Das bedeutet, dass man Vorgesetzte etwas mehr, tiefer, informativer zu schulen hat als „normale" Personen der Belegschaft.
Ein Aushang (stichpunktartige Information) aus den Sicherheitsvorschriften ist auszuhängen.	Dieser Aushang heißt VdS 2039, es gibt ihn in vielen Sprachen; er ist gut auffindbar am schwarzen Brett auszuhängen, ggf. mehrfach in großen Unternehmen.

Forderung der VdS 2038	Deutung, Bedeutung, Interpretation
Dieser Aushang muss auch in verständlicher Art und Form allen bekannt gegeben werden.	Aushängen allein gilt juristisch noch nicht als bekanntgeben, d.h. man muss in verständlicher Sprache und Art die Inhalte verbal vorstellen.
Brandschutztüren müssen gewartet sein.	Meist einmal im Jahr; bei erkannten Mängeln müssen diese baldmöglichst beseitigt werden.
Brandschutztüren dürfen nur legal aufgehalten werden, nicht aufgekeilt sein.	Dieser Verstoß ist sehr häufig die Ursache für eine Schadenvergrößerung, deren Begleichung der Versicherer dann ablehnt.
Brandschutztüren müssen entweder permanent selbstschließend sein, oder aber im Brandfall automatisch geschlossen werden; eine dritte Möglichkeit ist nicht gegeben	Permanent schließende Brandschutztüren werden „gern" aufgekeilt und wenn das zur Vergrößerung des Brandschadens führt, sind juristische Probleme abzusehen; solche, die im Brandfall automatisch schließen, muss man nicht aufkeilen – somit kann man Problemen vorbeugen.
Alle Brandschutztüren und -tore im Unternehmen müssen nach Beendigung der Arbeit, möglichst ohne zeitliche Verzögerung, geschlossen werden, um im Brandfall sicher zu funktionieren.	Das betrifft ausschließlich die Brandschutztüren, die mit Elektromagnet aufgehalten und über Rauchmelder angesteuert sind: Diese müssen einmal am Tag geschlossen werden, nämlich nach Arbeitsende (das fordert auch der Hersteller und das DIBt).
Nach der Arbeit ist jede Brandschutztür (und -tor) zu schließen und ob das erfolgt ist, muss geprüft werden.	Somit hat man sozusagen eine doppelte Sicherheit eingebaut: Eine Person schließt das Brandschutztor, eine weitere muss prüfen, ob das erfolgt ist (wenn „nein", macht diese Person das).
Herstellende Unternehmen müssen das Packmaterial (das immer brennbar ist) in nichtbrennbaren Behältern im Bereich der Verpackung bzw. Kommissionierung bereitstellen.	Die Kommissionierer rauchen ab und zu bei der Arbeit, haben elektrisch betriebene Radios, Heizplatten, Wasserkocher oder Kaffeemaschinen und wenn diese einen Brand verursachen, ist ein Löschen des Packmaterials oft nicht mehr möglich. Dadurch wird der zügige Großbrand vermieden.
Gelagerte Packmaterialien müssen in eigenen Räumlichkeiten gelagert sein und dürfen nicht in den Lagerbereichen der hergestellten Produkte sein.	Packmaterial ist nicht nur immer brennbar, sondern auch immer leichtentflammbar und es wird oft in großen Mengen (viele m^3) bereitgehalten – hiervon geht eine große und schnelle Brandgefahr aus und deshalb macht die Trennung Sinn.
Ölgetränkte Lumpen müssen getrennt von anderen Gegenständen und Abfällen gelagert und entsorgt werden, denn sie können sich entzünden.	Etwas Vergleichbares findet sich auch in der DGUV Vorschrift 1; nichtbrennbare Behälter, die ständig geschlossen und damit dicht sind, oder aber doppelwandige Kunststoffbehälter, die dafür eine Zulassung haben, wären ideal.
Feuergefährliche Arbeiten müssen von einer hierfür befähigten Person durchgeführt werden.	Diese Person muss alle sicherheitstechnisch notwendigen Brandschutzmaßnahmen kennen und anwenden, damit es nicht zu einem Brand kommt.

Forderung der VdS 2038	Deutung, Bedeutung, Interpretation
Für feuergefährliche Arbeiten außerhalb der dafür vorgesehenen Arbeitsplätze muss es einen Erlaubnisschein geben.	Dieser legt konkrete Maßnahmen fest, was vor, während und nach den brandgefährlichen Arbeiten zu tun ist, um keine Brandgefahr entstehen zu lassen.
Brennbare Flüssigkeiten und Gase sind zu meiden, wenn sie verfahrenstechnisch auch vermeidbar sind.	Die TRGS 600 (Substitutionsprüfung) geht hierauf ein. Es wird gewünscht, dass die flüssigen Brandlasten und gasförmigen Explosionsgefahren beseitigt oder minimiert werden.
Private Elektrogeräte sind grundsätzlich nicht verboten, sie müssen jedoch genehmigt und organisiert sein.	Natürlich gibt es Arbeitsbereiche, da sind private Elektrogeräte gänzlich verboten. Doch wo sie erlaubt sind, müssen Aufstellort, Randbedingungen und Wartungen geregelt sein.
Abfälle sind arbeitstäglich zu entfernen.	Dies ist insbesondere dort wichtig, wo sich Abfälle selbst entzünden können.
Staub kann ab einer Dicke von 1 mm explosionsgefährlich sein, d. h. er muss auf harmlose Art entsorgt werden.	Das betrifft Unternehmen, wo sich derart viele Stäube (meist organischer Art) entwickeln können, dass diese im aufgewirbelten Zustand eine explosionsfähige Atmosphäre erzeugen können.
Elektroanlagen sind lt. den gängigen VDE-Bestimmungen herzustellen, zu betreiben und zu (er)halten.	Dass Stromanlagen und Elektrogeräte den VDE-Bestimmungen entsprechen müssen, ist eigentlich keine besonders verwunderliche Vorgabe, sondern darf schlichtweg erwartet werden.
Nach Arbeitsende ist der Müll zu beseitigen und es ist danach zu prüfen, ob das auch überall passiert ist.	Hier sind oft Technik- und Handwerkerräume gemeint (wo es gemischte Abfälle in einem Behälter gibt, z.T. mit ölgetränkten Lumpen und Batterien), nicht Papierkörbe im Büro.
Abfälle sind sicher zu lagern und zwar nach Arbeitsende sind sie in diese Bereiche zu bringen.	Gemeint ist „brandsicher", d. h. in eigenen Räumen (T 30, feuerbeständige Wände) lt. Bauordnung oder im Freien, in (brand)sicherem Abstand zu Gebäuden.
Gefahrenerhöhungen und andere gefahrdrohende Umstände sind nach Beendigung der Arbeit zu erkennen und zu beseitigen.	Es muss eine Kontrolle nach Arbeitsende eingeführt werden, damit brandgefährliche Situationen auffallen und noch bevor diese Gefahr real geworden ist, beseitigt werden.
Nicht benötigte Elektrogeräte sind außerhalb der Arbeitszeit auszuschalten (kein Stand-by-Betrieb).	Das können Wasserboiler, PC usw. sein. Eingeschaltete Elektrogeräte bergen eine höhere Brandgefahr und deshalb ist nach Arbeitsende zu kontrollieren, ob diese Gefahr noch gegeben ist.
Es ist nach Arbeitsende zu kontrollieren, ob keine Feuergefahr mehr an Stellen ansteht, wo feuergefährliche Arbeiten stattgefunden haben.	Das bedeutet, dass man die Länge einer Brandwache individuell unterschiedlich festlegen muss. Es kann sein, dass 2 Stunden zu wenig ist, oder auch, dass eine Stunde bereits zu lang ist. Amerikanische Versicherungen fordern teilweise sogar 24 Stunden!

Tab.: ASF

11.2 Obliegenheiten und Klauseln

Klauseln sind vertraglich vereinbare Vorgaben, die deshalb verbindlich werden, weil sie im Vertrag stehen – den beide Seiten ja kennen müssen und freiwillig unterzeichnet haben; somit sind sie fester Bestandteil und Grundlage des Vertrags. Obliegenheiten sind Verhaltensmuster, die man nicht vertraglich derartig regeln muss, deren Einhaltung aber der gesunde Menschenverstand einfordert. Wichtig ist für den Versicherungsnehmer, dass es keine Obliegenheitsverletzungen gibt, will er im Schadenfall Geld vom Versicherer. Obliegenheitsverletzungen sind Pflichten, die a) nicht einklagbar sind, bei deren Verletzung man b) nicht schadenersatzpflichtig wird, aber c) man muss die dabei ggf. entstehenden Nachteile selbst tragen (z. B. die Folgen eines gekippten Fensters oder einer nicht abgesperrten Haustür u. a. m.).

Für dieses Unterkapitel weiter interessant ist folgendes: Im § 7AFB (das sind die Allgemeinen Vertrags-Versicherungsbedingungen der Feuerversicherer für Unternehmen) steht „der Versicherungsnehmer muss alle gesetzlichen, behördlichen oder im Versicherungsvertrag vereinbarten Sicherheitsvorschriften beachten". Und in den „Sicherheitsvorschriften für Starkstromanlagen bis 1.000 Volt" steht im Punkt 2.7.3: „Elektro-Wärmegeräte sind so anzubringen bzw. aufzustellen, dass sie keinen Brand verursachen können." Daraus wird erkennbar, dass man mit dem Lesen einer Vorschrift allein noch nicht am Ende ist, im Gegenteil – man muss viel und vieles lesen, kennen, einhalten und korrekt umsetzen und darauf hinwirken, dass es alle im Unternehmen ebenfalls so tun.

***Fazit:** Der Brandschutzbeauftragte muss die Verträge kennen, um die vertraglich geforderten Brandschutzvorgaben zu kennen, um sie umzusetzen.*

11.3 So sehen Versicherungen Unternehmen

Versicherungen haben folgende Kriterien, die sie unterschiedlich werten, um ein Unternehmen einzustufen (die Reihenfolge der Auflistung bedeutet keine Wertung):

- Unternehmensart
- Anzahl der Brandlasten
- Anzahl der Zündquellen
- Gebäudeart
- Gegend, Nachbarschaft
- Bauliche Abtrennungen unterschiedlicher Bereiche
- Größe und Werteverteilung auf Gebäude und Brandabschnitte
- Gesamtversicherungssumme
- Kosten von Betriebsunterbrechungen
- Vorschäden (Anzahl und Höhe)
- PML-Überlegungen
- Höhe eines Selbstbehalts je Schadenfall

- Relation PML zur Gesamtversicherungssumme
- Sonstige Versicherungsverträge des Unternehmens in anderen Sparten
- Schadenverlauf in dieser Branche und in diesem Unternehmen
- Bauliche, anlagentechnische und organisatorische Brandschutzmaßnahmen
- Effektivität dieser Maßnahmen
- Eigene Feuerwehr, Löschtruppe
- Werkschutz, Einbruchmeldeanlage
- u.a.m.

Man sieht, wie viele Stellschrauben es gibt, um ein Unternehmen so oder anders einzustufen und es gibt auch sog. k.-o.-Kriterien für Unternehmen; soll heißen, dass bei bestimmten Dingen eine Versicherung keinen Schutz und damit keinen Versicherungsvertrag anbieten will. Diese können sein: Umgang mit radioaktiven Stoffen, zu wenig Löschwasser, zu wenig Sicherheitstechnik, zu hohes Gefahrenpotential oder auch zu viele und zu hohe Vorschäden.

11.4 Mögliche brandschutztechnische Mängel

Wer die Liste durchgeht, welche Aufgaben ein Brandschutzbeauftragter hat, dem wird schnell klar, dass man allein über diesen Unterpunkt ein ganzes Buch schreiben könnte. Schließlich ist das Vermeiden von Mängeln, aus denen sich Brände entwickeln können, ja unsere Hauptaufgabe. Grundlegend geht es darum, dass man Brandlasten und Zündquellen gegenseitig abtrennt, dass man Bereiche untereinander schottet, dass man Kontrollen einführt und dass die Belegschaft weiß, welches Verhalten korrekt und welches gefährlich ist. Mängel und brandschutztechnisches Verbesserungspotential finden sich nachfolgend stichpunktartig aufgelistet:

- Backup-Varianten der EDV, aber auch der Produktionsstätten; Rohstofflieferungen und Lagerflächen muss man sich vorab (also vor einem Feuer) überlegen.
- Brandlöschanlagen haben eine Schutzwirkung von über 98% und sind grundsätzlich für Industrieunternehmen sinnvoll.
- Brandmeldeanlagen können in weniger wertvollen Bereichen – wo es keine Brandlöschanlage gibt – eine gute brandschutztechnische Lösung sein.
- Brandschutzklappen müssen solide gewartet werden, wenn im Brandfall Funktionsfähigkeit erwartet wird.
- Brandschutztüren müssen außerhalb der Arbeitszeit geschlossen sein, sie müssen ständig funktionsfähig sein und regelmäßig gewartet werden.
- Brand- und Komplextrennwände müssen ein Feuer zu 100% abhalten können.
- Datensicherung und deren Auslagerung muss sicher und ausreichend regelmäßig erfolgen.
- Elektronischer Gebäudeschutz gegen Einbruch und unberechtigten Zutritt kann auch dem Brandschutz dienlich zugerechnet werden.
- Einen Erlaubnisschein für feuergefährliche Arbeiten muss es bei solchen Arbeiten immer geben, wenn a) eine Brandgefahr gesehen wird und es b)

diese Arbeiten außerhalb dafür vorgesehener Arbeitsplätze durchgeführt werden; dies ist unabhängig, ob diese Arbeiten von internen oder externen Fachleuten durchgeführt werden.

- Filteranlagen und Dunstabzugshauben brennen relativ häufig, manchmal explosionsartig – dem ist präventiv Einhalt zu gewähren.
- Flüssiggasanlagen sind gefährlich und deshalb sind alle dazu gehörenden Sicherheitsvorgaben zu beachten und der Aufstellort günstig zu wählen.
- Folienwickeln sollte mittlerweile das hoch brandgefährliche Folienschrumpfen ersetzt haben; foliengeschrumpfte Paletten können nämlich noch Stunden später von selbst zu brennen beginnen.
- Freilagerung brennbarer Gegenstände an Gebäudefassaden sollte (soll, nicht muss) vermieden werden; ist das Gebäude gesprinklert, ist die Lagerung vor dem Gebäude sogar verboten (Grund: Eine Sprinkleranlage kann einen jetzt ggf. auftretenden Vollbrand nicht mehr löschen). Ausnahme wäre, wenn der Freibereich ebenfalls gesprinklert wäre oder die Wand feuerbeständig.
- Gabelstapler-Ladestationen sind hoch brandgefährlich, weil diese Anlagen ja nachts aktiv sind; deshalb sind diese Vorgänge idealerweise in eigenen, feuerbeständig abgetrennten Bereichen aufzustellen – ein horizontaler Abstand von 2,50 m bringt bei einem stark rauchenden Brand der Anlagen nämlich nichts.
- Bei der Gebäudeauslegung und der Wahl der Dachart – insbesondere die Dämmungen – sind nichtbrennbare Materialien zu bevorzugen.
- Geisterschichten gelten versicherungsrechtlich als Gefahrenerhöhung und man muss diese a) dem Versicherer melden, b) ggf. mehr Prämie zahlen und zugleich c) höhere sicherheitstechnische Auflagen beachten.
- Eine stabile und ausreichend hohe Grundstückeinzäunung hält manchmal Brandstifter von außen sehr effektiv ab.
- Heizungsanlagen sollen brandsicher aufgestellt sein und das bedeutet, dass die Brandgefahr dieser Anlagen nur gegen sich selber gerichtet ist und nicht auf andere/weitere Gegenstände im Unternehmen; die Bauvorgabe besagt, dass ab bestimmten Heizleistungen dafür eigene Räumlichkeiten zu wählen sind und die Grenze liegt so, dass man für die Heizungen von kleinen Wohnhäusern noch keine konkreten Vorgaben hat.
- Der Kabelbrandschutz und die Kabelabschottungen sind vor allem in älteren Gebäuden oft eines der primären Brandschutzprobleme; Grund sind viele Nachbelegungen, deren Öffnungen in Böden und Wänden nicht oder nicht korrekt geschlossen worden sind. Nach einem Brand fällt das dann auf und dann kann der Versicherer seine Zahlungsleistung reduzieren.
- Unternehmen sollten je nach der Größe einen gut ausgearbeiteten Katastrophenplan haben, damit nach größeren Bränden klar ist, wie es jetzt konkret weitergeht bei Ausfall des Bereichs A oder der Niederlassung B.
- Kerzen und Weihnachtsgestecke am Arbeitsplatz sind zu verbieten, zumal weil diese Gefährdung nichts mit der Unternehmensart zu tun hat und solche Brände mit den Versicherungen grundsätzlich zu Schwierigkeiten führen.

- Lagergebäude können durch Beleuchtungsanlagen, Raucherverhalten, Brandstiftung oder die Ladevorgänge der Flurförderzeuge zu brennen beginnen; das sind die vier Hauptbrandursachen in Lagern, die für über 90% der Brände Ursachen sind!
- Leckageanzeigen können um bestimmte Rohre Sinn machen, um Brände, Zerstörungen oder Betriebsunterbrechungen so früh wie möglich angezeigt zu bekommen; überlegen Sie, welche Rohre ggf. doppelwandig (mit Leckageüberwachung, sonst bringt die zweite Ummantelung lediglich eine zeitliche Verzögerung) ausgelegt werden sollten.
- Wenn die Löschwasserversorgung (mindestens 1.600 l/min. für Gewerbe, bei Industrieunternehmen 3.200 l/min.) nicht ausreichend groß ist, so sollte man ggf. einen Löschteich, eine Zisterne oder aus einem nahen Gewässer eine sichere Entnahmestelle anschaffen; dies möglichst, bevor die Löschwassermenge bei einem Brand nicht ausreichend groß dimensioniert ist und das Unternehmen abbrennt.
- Ein guter mechanischer Gebäudeschutz sorgt dafür, dass Einbrecher und damit Brandstifter nicht bzw. nicht einfach und nicht schnell ins Gebäude gelangen; gepaart mit einer guten Einzäunung und brandlastfreien Bereichen um die Gebäude ist das ein guter Mosaikstein für den optimalen Brandschutz eines Unternehmens.
- Die VdS 2207 (Aufstellen von Müllpresscontainern) gibt gute, direkte und klare Anweisungen, wie hydraulische Papier-Presscontainer aufzustellen sind, damit von diesen keine Brandgefahr ausgeht. Besorgen Sie sich im Internet diese Broschüre als pdf und setzen Sie die Punkte um – um den Brandschutz zu optimieren und um keinen Brand zu ermöglichen; letztlich auch, um Probleme mit dem Versicherer nach einem Brand zu meiden. Glauben Sie bitte den VdS-Broschüren, die sind aus der Schadenerfahrung heraus geschrieben und enthalten oft (oft, nicht immer) gute, sinnvolle und praxisorientierte Tipps, wie Brände vermeidbar sind.
- Objektschutzanlagen sind Brandlöschanlagen, die einzelne Anlagen und nicht ganze Räume löschen; so was kann für EDV-Geräte, Funken-Erodieranlagen oder auch Fritteusen Sinn machen.
- PCB-haltige elektrotechnische Produkte (Kondensatoren, Transformatoren) können bei Bränden im Anfangsstadium sog. Ultragifte erzeugen, deren Entsorgung einige Mio. € Kosten erzeugen können; unsere Lehre daraus ist, diese Produkte baldmöglichst und bitte umweltgerecht zu entsorgen, um Bauteile und Geräte anzuschaffen, die solche „Nebenwirkungen" nicht haben.
- Private Elektrogeräte müssen (müssen!) genehmigt, geprüft, zugelassen und organisiert sein (und an manchen Stellen auch verboten, sowie manche Geräte wie Kühlschränke, Grills usw. auch verboten sein), denn sie sind eine der Brandursachen in Unternehmen – gefolgt häufig von Problemen der Schadenabwicklung.
- Pulver-Beschichtungsanlagen können durch Elektrostatik Brände und nachfolgend auch Explosionen auslösen – Erdungen, Löschanlagen, geeignetes

Personal u.a.m. sorgen dafür, dass derartige Schäden nicht entstehen oder akzeptabel gering bleiben.

- Rauch- und Wärmeabzugsanlagen sollen eher über- als unterdimensioniert sein und möglichst früh sowie automatisch und zerstörungsfrei aufgefahren werden; so bleiben Brände eher kleiner und es wird wohl nicht zu Durchzündungen, Explosionen oder zum gefürchteten Flash-over kommen.
- Rauchverbote sind erstens ernst zu nehmen, Verstöße sind zu ahnden und um Fehlverhalten von notorischen Rauchern zu minimieren, muss es auch zumutbare und sichere Raucherbereiche geben; soll heißen, dass sich ein absolutes Rauchverbot kontraproduktiv auswirken kann, weil dann heimlich hinter Kisten oder in Ecken geraucht wird und dort die Kippen achtlos und damit brandgefährlich entsorgt werden.
- Redundanzen von Produkten, Räumen und Anlagen sorgen beim singulären Ausfall eines dieser Bereiche dafür, dass die Betriebsunterbrechung minimiert oder gar unterbunden werden kann – darüber sollte man sich vor einem Brand solide und ausführlich beschäftigen und möglichst auch Kaufleute dabei mit einbinden.
- Die Revision der elektrotechnischen Anlagen ist ein Muss, das fordert nicht nur die Berufsgenossenschaft in einer autonomen Rechtsnorm (DGUV Vorschrift 3), sondern auch der Feuerversicherer in der VdS 3602 (diese ist meist verbindlicher Bestandteil des Feuer-Versicherungsvertrags).
- Die sicherheitsgerechte Schulung von Mitarbeitern ist in der autonomen Rechtsnorm DGUV Vorschrift 1 gefordert und muss mindestens jährlich wiederholt werden; dabei soll die Belegschaft möglichst homogen zusammengesetzt werden, damit sich jeder in dem Vorgestellten auch wiederfindet.
- Die Sicherheits-Organisation im Unternehmen ist die zentrale Grundlage, dass Brand- und natürlich auch Arbeits- und Umweltschutz funktionieren. Die Unternehmenskultur muss passen, die Geschäftsleitung voll und ernsthaft hinter den hohen, wichtigen Zielen stehen und damit uns Sicherheitsbeauftragten den Rücken stärken.
- Bestimmte Sicherheitsvorkehrungen bei Bauarbeiten sind brandschutztechnisch derartig von Bedeutung, dass ich dieser Thematik in diesem Buch ein eigenes Kapitel gestellt habe; in diesem steht nichts revolutionär Neues drin. Nichts, was man vor 5 und mehr Jahren noch nicht gewusst hat. Aber es ist eben so, dass diese trivialen Tipps elementar wichtig sind und nach wie vor missachtet werden – so kommt es dann zu vermeidbaren Bränden und wenn ein Brand als „vermeidbar" eingestuft wird, dann kann der Versicherer mit dem VVG im Rücken die Zahlungshöhe prozentual variieren.
- Sofortmaßnahmen nach Bränden, Staub/Löschpulver oder Wassereinbruch.
- Auf die Standortwahl eines Unternehmens haben wir Brandschützer normalerweise keinen Einfluss, denn das werden die Inhaber bestimmen, wo welche Aktivität auf der Welt stattfinden. Allerdings sollten wir, so es die Möglichkeit gibt, schon dahingehend hinwirken, dass eine „friedliche" Gegend mit geringem Brandstiftungspotential und nicht neben gefährlichen Unternehmensarten oder an Güterzugstrecken gewählt wird.

- Eine sichere Stromversorgung ist für alle Arten von Unternehmen von großer Relevanz; wenn der Trafo der Stadtwerke zerstört wird durch einen Blitz, dann handelt es sich zwar um einen Feuerschaden, doch der ist nicht auf dem Grundstück und nicht am Eigentum des Unternehmens passiert und deshalb muss hier die Betriebsunterbrechungs-Versicherung keinen Schadenersatz leisten (das ist juristisch eindeutig). Eigene Stromerzeugungsanlagen, eine zweite Stromleitung u.a.m. sorgen dafür, dass es solche Betriebsunterbrechungen nicht gibt oder deren schädlichen Auswirkungen gering bleiben; dazu gehört auch ein schlüssiges, gutes Blitz- und Überspannungsschutzkonzept (Gebäudeblitzschutz, Potentialausgleich, Grobschutz, Mittelschutz, Feinschutz – Schutzklassen, 1, 2 und 3).
- Brennbare Flüssigkeiten sind lt. TRGS 510 in besonderen, gesicherten Gebäuden zu lagern. Für diese Gebäude gibt es jede Menge bauliche, anlagentechnische und auch organisatorische Vorgaben; wer sich hier einlesen will und auch ganz konkrete Präventionsmaßnahmen erfahren will (deren Sinn und Effektivität jeder selbst abwägen muss – das nimmt uns keiner ab, dafür sind wir da!), der möge bitte neben der TRGS 510 auch die TRGS 400, die TRBS 1111 und die TRGS 800 lesen – konkreter können Vorgaben nicht werden!
- Wandhydranten machen nur dann Sinn, wenn die Belegschaft (100%, nicht nur 5% Brandschutzhelfer) damit im Brandfall auch umzugehen weiß. Diese sind bitte so zu platzieren, dass sie an bzw. neben Ausgängen sind, damit man im Brandfall – sollte man das Feuer nicht in den Griff bekommen oder die Rauchgasmengen gefährlich werden – sich selbst zügig und sicher entfernen kann. Die Schläuche sollen formstabil sein und die Bedienung muss einfach und klar sein. Und man muss bitte an alle Stellen mit dem Wasser hinspritzen können. Manche Wandhydranten haben eine automatische Schaumzumischung eingebaut; ob das Sinn macht, muss bitte individuell entschieden werden. Die Flugzeugwerke in Hamburg haben so eine automatische Schaumzumischung, die Holzplattenfirma in Bad Tölz nicht – beides ist jeweils überzeugend, richtig, korrekt! Wandhydranten dürfen Brand- und Rauchschutztüren und insbesondere Treppenraum-Zugangstüren nicht blockieren (lt. ASR A2.2), darauf ist bei Neubauten zu achten und im Bestand sollte man bitte über eine Verlegung nachdenken – bevor jemand eine vermeidbare Rauchvergiftung hat!
- Bei bestimmten Unternehmen macht ein qualifizierter Werkschutz Sinn, dessen Kosten werden durch den Nutzen oft weiter übertroffen. Doch eine Werkschutztruppe sollte man sich erst ab bestimmten Werten und/oder Gefahren anschaffen und dies gekoppelt mit einer stabilen Einzäunung und ausreichend Kameraüberwachung auf dem Gelände
- Es gibt Wertschutzschränke gegen Aufbruch und gegen Feuer. Aufbruchsresistente Tresore sind nicht gegen Feuer geschützt und hitzebeständige Schränke kann man leicht aufbrechen. Es macht also Sinn, materiell wertvolle Gegenstände in Tresoranlagen zu bewahren und Brandgefährliches in feuerbeständigen F 90-Schränken. Wer Sicherungsdaten in Tresoren lagert, sollte außen auf den Inhalt (glaubhaft) hinweisen, damit Einbrecher nicht diese Schränke in

Erwartung von Geld usw. aufbrechen, um dann vor Wut und Frust diese für ihn wertlosen elektronischen Datenträger zu zerstören. F 90 Schränke dürfen lt. TRGS 510 in beliebiger Anzahl, mit unterschiedlichen Inhalten, mit einem Volumen bis maximal 1 m³ an Arbeitsplätzen oder in Lagern aufgestellt werden; verfügen sie über eine automatische Zwangsbelüftung, dann gibt es außerhalb des Schranks keine Ex-Zone, sondern lediglich innerhalb des Schranks (bitte an nicht gefährlicher Stelle ins Freie blasen, die Dämpfe sind schwerer als Luft, dürfen nicht wieder ins Gebäude gelangen). Bei F 90 Schränken ohne Abluftanlage ist ein Radius von 1 m vor der Tür als Ex-Zone einzustufen.

- Eine Zutrittskontrolle für bestimmte Bereiche mit besonderen Gefahren oder besonderen Werten (Gefahrstofflager, Produktion, EDV, Post...) macht Sinn, ggf. in Kombination mit einer Videoaufzeichnung vor der Eingangstür.

Das war jetzt eine ganze Menge, aber natürlich ohne Anspruch auf Vollständigkeit. Vielleicht lesen Sie diese vielen Punkte noch mal durch und streichen sich mit Textmarker an, was für Sie interessant ist und schreiben Sie mit Bleistift daneben hin, wo diese Maßnahmen im Unternehmen umgesetzt werden sollten. Ich bin überzeugt, dass ich damit hier über 90 % der Brandursachen in Ihren Niederlassungen erfasst und erkannt habe. Machen Sie was draus!

11.5 Fragen zum Kapitel

1. Müssen Versicherungen Unternehmen Versicherungsschutz anbieten?
   a) Ja, zu vom Kartellamt vorgegebenen Prämien
   b) Ja, lt. Versicherungsvertragsrecht jedoch zu individuell unterschiedlichen Prämien
   c) Nein
   d) Bei Gebäudeversicherungen schon, nicht aber bei Inhaltsversicherungen und Betriebsunterbrechungsversicherungen
2. Sehen Versicherungen alle Versicherungssparten risikotechnisch identisch?
   a) Ja, zu vorgegebenen Prämien
   b) Nein, nichtbrennbare Dämmstoffe werden kritisch eingestuft
   c) Nein, hohe Qualifizierung der Belegschaft wirkt sich jedoch positiv auf die Einstufung aus
   d) Nein, allerdings sind wenig Brandlasten und wenig Zündquellen positiv in der Einstufung
3. Wie sind die ASF einzustufen?
   a) Verbindliche Brandschutzvorgaben der BG
   b) Unverbindliche Brandschutzvorgaben der BG
   c) Verbindliche Brandschutzvorgaben der Feuersicherung(en)
   d) Unverbindliche Brandschutzvorgaben der Feuerversicherung(en)
4. Wo sind Handfeuerlöscher für Unternehmen gefordert?
   a) Berufsgenossenschaft
   b) Arbeitsstättenverordnung

   c) ASR A2.2
   d) Bauordnung/en (für Heizungen und Garagen)

5. Nennen Sie vier konkrete Punkte bzw. Forderungen aus der ASR

6. Dürfen Feuerversicherungen Klauseln als verbindlich in Feuer-Versicherungsverträge einfügen?
   a) Nur solche, die nicht gegen gesetzliche Vorgaben verstoßen
   b) Nein
   c) Nur solche, die sich positiv für die Kunden auswirken
   d) Klauseln sind seit 2015 lt. einer EU-Verordnung (nachzulesen im VVG, § 28) verboten

7. Wie können sich Verstöße gegen gesetzliche Vorgaben auf die Schadenzahlung nach Bränden auswirken?
   a) Positiv
   b) Negativ, die Schadenzahlung betreffend
   c) Negativ, den weiteren zeitlichen Verlauf der Versicherung betreffend
   d) Negativ, die ggf. jetzt zusätzlich geforderte Sicherheitstechnik betreffend

8. Dürfen Versicherungen die versicherten Unternehmen in allen Bereichen besichtigen?
   a) Ja
   b) Das ist sogar gesetzlich gefordert
   c) Nein
   d) Nur nach Bränden

9. Dürfen unterschiedliche Versicherungen bei gleichartigen Unternehmen unterschiedliche Versicherungsbeiträge verlangen?
   a) Ja
   b) Nein
   c) Nur in den engen gesetzlichen Grenzen des VVG
   d) Nur nach offizieller Genehmigung vom Bundeskartellamt

10. Kann ein Verstoß gegen berufsgenossenschaftliche Vorgaben einen Einfluss auf die Schadenzahlung des Feuerversicherers haben?
   a) Ja
   b) Nein, das ist lt. VVG verboten
   c) Nur, wenn gegen Vorgaben, nicht gegen Regeln verstoßen wird
   d) Das ist im Rahmen der üblichen Kulanz im Schadenfall nicht relevant.

12 Die richtige Wertung von Mängeln

Es ist für uns Brandschutzbeauftragte ganz entscheidend wichtig zu wissen, wann wir „fünfe mal gerade" lassen, und wann wir standhaft und streng sein müssen. Diese Wertung kann uns niemand abnehmen. Wenn wir aus jeder relativ harmlosen Kleinigkeit ein Drama machen, jede Mücke zum Elefanten erklären, schaden wir unserem Ruf und der offenbar nicht allzu großen Persönlichkeit mit dem Resultat, dass man uns und unsere ach so intelligenten Ideen nicht mehr ernst nehmen wird. Es ist eigentlich wie in der Kindererziehung: Mal ist unser Verhalten auf einen „Verstoß" großzügig, augenzwinkernd, nachgebend und mal kracht es im Karton – dann aber so richtig! Weder Kinder, noch ein Großteil der Angestellten verstehen das in diesem Moment und sehen ihren gefährdenden Verstoß ein. Also muss man es den Leuten erklären und auf die Einhaltung von Vorgaben bestehen – bei den Angestellten in Ihrem Unternehmen haben Sie definitiv bessere Karten diesbezüglich als bei den eigenen Kindern.

Sie sehen eine Situation, die Sie als Mangel erkennen, den man mit Lösung A oder B abstellen kann bzw. muss. Nun entscheiden Sie aufgrund Ihres Fachwissens, wie zu reagieren ist, und da gibt es mehrere Möglichkeiten:

a) Situation sehenden Auges dulden, also nichts unternehmen
b) Nichts unternehmen, weil man so tut, als habe man das nicht gesehen bzw. übersehen
c) Situation selbst so abstellen, wie man das für richtig hält
d) Situation dem Vorgesetzten melden
e) Situation dokumentieren und als Negativbeispiel ans schwarze Brett oder in die Firmenzeitung setzen
f) Sich dafür einsetzen, dass die diese Situation herbei geführte oder diese Situation geduldete vorgesetzte Person Probleme (Strafe, Eintrag in die Personalakte, Abmahnung, Kündigung) bekommt
g) Situation der Geschäftsleitung melden
h) Situation fotografieren und eMails versenden (Vorgesetzten, Betroffenen) bzw. in der nächsten ASA-Sitzung zum TOP machen
i) BG hinzuziehen und um Rat/Hilfestellung fragen
j) Die Staatsanwaltschaft informieren (Achtung, jetzt wird Ihr Verbleiben im Unternehmen wohl nur noch eine Frage der Zeit sein.)
k) Die Feuerversicherung um Rat fragen bzw. um Duldung bitten
l) Vermeintliche Verursacher mit der Situation konfrontieren
m) Situation als so kritisch einstufen, dass eine Gebäuderäumung umgehend angeordnet werden muss
n) Situation als Themenpunkt zur nächsten Sicherheitsunterweisung machen
o) Eine Kombination aus verschiedenen Punkten a)–n).

Stellen wir uns vor, ein Karton mit Kopierpapier steht mal kurz im notwendigen Flur am Rand; hier wäre jetzt ein „moderateres" Verhalten eher passend als eine Überreaktion. Ach ja, wer jetzt nicht weiß, was einen Flur von einem „notwendigen Flur" unterscheidet, der hat in der Grundausbildung zum Brandschutzbeauftragten nicht gut aufgepasst und bei dem gibt es erheblichen Nachholbedarf. Also: Ein Flur oder auch ein Treppenraum wird dann als notwendig bezeichnet, wenn das für Aufenthaltsbereiche der erste (ggf. einzig baulich gegebene) Fluchtweg ist. Und solche Flure und Treppenräume müssen freigehalten sein, damit eine Flucht im Brandfall realistisch möglich ist. Nun gibt es jedoch keine juristisch klare Definition, was "frei" bedeutet: Blumentopf, Trophäe, Kopierer, Teppich, Fußabstreifer, Getränkeausgabeautomat, Sitzmöglichkeit, Handfeuerlöscher, Kartenleser, ... was davon darf im Flur sein, was nicht? Wo ist die akzeptable, tolerable Grenze? Eine absolute Antwort wird es nicht geben und kann ich auch nicht geben, zu groß sind die Unterschiede der Anzahl und Art der Menschen, die Volumen der Flure, ob dort eine ständig besetzte Stelle ist, ob es Rauchmelder und Sprinkler gibt usw. Selbst bei Pflanzen gibt es Unterschiede, denn es gilt zu berücksichtigen:

- Gefährlich durch Dornen
- Giftig
- Schwerer Blumentopf, kann umfallen
- Kann Allergien auslösen
- Leichtentflammbare Bestandteile
- Behindert die Entnahme des Handfeuerlöschers
- Macht die RWA-Öffnung uneffektiv
- u.a.m.

Je nach Einstufung, wird man die Pflanze also dulden oder entfernen. In einem Unternehmen sind giftige Pflanzen wohl weniger gefährlich als in einem Kindergarten – man muss, wie eigentlich immer, also eine umfassende Gefährdungsbeurteilung erstellen.

Die nachfolgenden Unterkapitel zeigen Beispiele zu verschiedenen Situationen und mögliche Reaktionen auf diese. Dabei bitte ich die aufmerksame und kritische Leserschaft, auch diesen Einstufungen gegenüber eine konstruktiv-kritische Grundhaltung entgegen zu bringen; soll heißen: Ggf. stufen Sie manches kritischer und manches weniger kritisch ein, oder im Unternehmen A aus Grund B anders als im Unternehmen C, mit der Begründung D.

12.1 Fahrlässige Situationen

Fahrlässig bedeutet, dass etwas Negatives passiert ist, ohne dass der Verursacher das wollte. Die einfache Fahrlässigkeit im Sinn des **BGB (§ 276, Abs. 2)** wird so definiert, dass eine Person die bei der gerade ausführenden Handlung (Beispiele: Arbeiten, Autofahren, Spülmaschine ausräumen, über die Straße gehen, Palette bewegen...) erforderliche Sorgfalt außer Acht lässt. Das ist fahrlässig. Daneben gibt es – juristisch betrachtet – nur noch die grobe Fahrlässigkeit, „einfache" Fahrlässigkeit gibt es lediglich im privaten Sprachgebrauch.

Fahrlässiges Verhalten wird ganz anders als vorsätzliches Verhalten eingestuft, wobei eben grobfahrlässiges Verhalten schon eher wie Vorsatz einstufbar ist; dazu zwei Beispiele aus der jüngsten Vergangenheit:

Beispiel 1
In Berlin geben sich mehrere junge Männer mit ihren Autos ein Rennen auf öffentlichen Straßen. Beim Überfahren einer roten Ampel wird ein unbeteiligter Mann getötet und das Gericht hat in erster und zweiter Instanz den Schuldspruch mit „Mord" und eben nicht „Totschlag" begründet.

Beispiel 2
Der Autor dieses Buchs machte im Straßenverkehr einen Fehler, der als „fahrlässig" eingestuft wird. Ein Polizist hält ihn auf und bittet höflich, einen Strafzettel von 15,– € zu akzeptieren. Auf den Hinweis, dass das Vergehen ja unabsichtlich passiert ist und man doch auf die Strafe verzichten könne, meinte der Polizist fast lachend: „Das ist mir schon klar, dass Sie das nicht absichtlich gemacht haben. Denn wäre es vorsätzlich geschehen, würde ich das dem Staatsanwalt melden und der hätte noch eine ganz andere Strafe für Sie als nur 15,– €!" Ich denke, besser kann man Fahrlässigkeit und Vorsatz nicht erläutern, oder? Übrigens, liebe Kollegen und Kolleginnen: Ich zahlte den Strafzettel und sah die 15,– € als juristische Nachhilfe für diesen intelligenten Satz an.

Nach einem Schaden (egal ob Brand oder Unfall) wird man natürlich immer klüger sein, die Situation besser einstufen können als davor. Es mag sein, dass ein im Treppenraum entzündeter Regenschirm so viele Rauchgase freisetzt, dass dadurch ein Mensch stirbt. Fakt ist, dass das a) noch nie passiert ist, dass b) boshafte Brandstifter wohl eher andere (größere Menge) Gegenstände anzünden und dass c) im Treppenraum normalerweise wohl nicht die Zündenergie vorhanden ist, um den Schirm anzuzünden. Nicht alles, was theoretisch denkbar ist, muss es auch in der Praxis geben. Und nicht alles, was mal real wurde, muss man als realistisches Szenario berücksichtigen: Man denke an die Flugzeugattentate in USA am 11. September 2001 – selbst danach muss man sich in Mitteleuropa bei den meisten Unternehmen nicht gegen solche Attentate schützen (was ja auch nicht möglich ist).

Fakt ist aber auch, dass man z. B. einen Kinderwagen in einem Treppenraum anders einstufen muss als den abgelegten Regenschirm. Zum einen verfügt er über deutlich mehr Brandlast als der Regenschirm, zum anderen ist allein das Gestell so voluminös, dass dadurch bereits eine Beeinträchtigung fliehender Personen erfolgen kann – kann, nicht muss. Viele Fragen unseres Lebens lassen sich nicht mit „ja" oder „nein" beantworten, selbst Gerichte haben manchmal abweichende Meinungen, so auch hier: Das Amtsgericht Winsen hat einen Kinderwagen im notwendigen Treppenraum erlaubt (Az. 16C602/99). Nun kommt es aber noch entscheidend drauf an, um welchen Treppenraum es sich handelt – je nachdem erfolgt eine andere juristische Betrachtung:

Kinderwagen im Treppenraum (EG) von folgendem Gebäude	Kommentierende Wertung und juristische Einstufung der Situation
Wohngebäude mit einer Wohnung	Juristisch korrekt, kein Verstoß
Wohngebäude mit zwei Wohnungen	Juristisch korrekt, kein Verstoß
Wohngebäude mit drei Wohnungen	Grundlegend nicht korrekt, aber ggf. noch duldbar
Wohngebäude mit sehr vielen Wohnungen	Nicht akzeptabel
Soziales Brennpunktgebäude	Nicht akzeptabel
Kaufhaus	Nicht akzeptabel
Großes Bürogebäude	Nicht akzeptabel
Ebenerdige KiTa mit direkten Ausgängen ins Freie aus jedem Kinder-Aufenthaltsraum	Akzeptabel
KiTa im 1. OG mit nur einem baulich gegebenen Fluchtweg	Nicht akzeptabel

Tab.: Kinderwagen im Treppenhaus

Und dann ist noch entscheidend, wie breit der Treppenraum ist, ob man die Gebäudeausgangstür dadurch nicht mehr einfach öffnen kann, ob es primitiv-boshafte Personen im Gebäude gibt, die den Kinderwagen wohl anzünden werden, ob es einen Abstellraum für Fahrräder und Kinderwagen gibt, ob es einen Aufzug in dem Haus gibt, ob die den Kinderwagen abstellende Person im EG oder darüber wohnt (in Verbindung mit dem Aufzug) oder ob das 1-Zimmer-Appartement ggf. zu wenig Fläche bietet, um den Kinderwagen dort abzustellen. Hier ist wieder das typische Problem der Entscheidungsfindung, ob 5 gerade oder ungerade ist – je nachdem, welche dieser genannten Kriterien zutreffend sind, wird die Entscheidung so oder so ausfallen – oder irgendwie dazwischen…

Man sieht an diesem trivialen Beispiel, zu welchen völlig unterschiedlichen Schlüssen man kommen kann. In Münchner Verwaltungsbehörden mit Parteienverkehr hat man in vielen notwendigen Fluren Stühle für wartende Personen gestellt. Diese sind entweder aus Draht ergonomisch derart geformt, dass ein Sitzen als zumutbar eingestuft werden kann; einige haben auch ebenso geformte Holzstühle ohne Polsterung – damit werden sie nicht mehr als leichtentflammbar eingestuft und können mit einem Feuerzeug nicht entzündet werden, selbst nicht durch ein kleines Stützfeuer (z. B. eine zerknüllte Tageszeitung). Hinzu kommt, dass diese Stühle fest mit Wand oder Boden verbunden sind, d. h. man kann sie nicht verrücken und der Abstand vom Stuhlende bis zur gegenüberliegenden Wand beträgt mindestens 120 cm. Diese Gefährdungsbeurteilung ist korrekt, diese eben geschilderten Zustände können mit dieser gebrachten Argumentation als harmlos, korrekt bzw. akzeptabel eingestuft werden. Anders natürlich, wenn man dort alte Polstermöbel abstellt, oder wenn man einen Wasserkocher auf den Holzstuhl abstellt, um ihn dort zu betreiben.

Rudolph Giuliani war von 1994–2001 Bürgermeister von New York; er wollte die Anzahl der Verbrechen in seiner Stadt reduzieren und hat eine Null-Toleranz-Politik eingeführt, d.h. auch kleine Vergehen sind bestraft und nicht mehr geduldet worden. Der Erfolg war, dass es tatsächlich deutlich besser wurde und zwar auf allen Ebenen der Verstöße, manche Verstöße und Verbrechen gingen um bis zu 50% zurück. So was kann man machen, aber die Strenge muss jetzt nicht in Ihrem Unternehmen die Lösung sein. Die Frage ist nur, wie tolerant (Toleranz kommt aus dem lateinischen tolerare und bedeutet erleiden, erdulden, ertragen) will man sein, welche Verstöße akzeptiert man stillschweigend, welche nicht? Was stuft man als gefährlich, was als harmlos ein? Die eben erwähnte abgestellte Kiste mit 2.500 Seiten DIN A 4-Kopierpapier kann zur Stolperfalle werden, eine Person verletzt sich behindernd oder fällt für 7 Monate (Kosten: ca. 45.000 €) als Arbeitskraft aus – die verletzte Person wäre glücklich gewesen, wenn man sich also weniger tolerant verhalten hätte (sprich: den Karton nicht abgestellt, dann wäre sie nicht verunglückt). Man sieht an diesem Beispiel, dass man eine Situation völlig anders bewerten wird, je nachdem, auf welcher Seite man selbst steht.

Treffen Sie überlegt eine Meinung, ob eine Situation als fahrlässig oder grob fahrlässig einzustufen ist und überlegen Sie als nächstes, was Sie machen, mit wem Sie sprechen und wie. Das ist nicht leicht, aber ich habe auch nie behauptet, dass der Brandschutzbeauftragte einen leichten Job hat! Unser Ziel ist es, nicht uns in den Mittelpunkt zu stellen oder uns gegenüber anderen durchzusetzen, sondern die Sicherheit der Belegschaft und das Einhalten von Vorgaben in den Mittelpunkt zu stellen – mit dieser Argumentation müssten eigentlich alle mitmachen, oder? Aber es ist ja bis jetzt noch nichts passiert...

12.2 Grob fahrlässige Situationen

Beim vorangegangenen Unterkapitel wurde juristisch definiert, was man unter Fahrlässigkeit versteht. Eine klare Definition für grobe Fahrlässigkeit gibt es nicht, aber ich werde es mal versuchen: Wenn man gegen die normalen, allgemein bekannten Sicherheitsvorgaben bei Handlungen in besonders groben, hohen Maß verstößt. Diese Definition ist aus fünf Gründen nicht ganz überzeugend:

1. Sie stammt von einem Ingenieur, nicht von einem Juristen.
2. Sie enthält das Wort „grob", das ja eigentlich erklärt werden sollte.
3. Sie ist viel zu schwammig, weich – was ist denn nun wirklich grob fahrlässig?
4. Der Übergang von Fahrlässigkeit zu grober Fahrlässigkeit ist nicht klar.
5. Je nachdem, auf welcher Seite man selbst steht, wird man ein Verhalten als fahrlässig oder eben als grob fahrlässig einstufen.

Eine Definition aus dem Internet zur Einstufung in grobe Fahrlässigkeit soll hier nun aber doch zitiert werden: Grobe Fahrlässigkeit liegt vor, wenn die bei der Handlung nötige Sorgfalt in besonders schwerem Maße verletzt wird, indem schon einfachste, ganz naheliegende Überlegungen nicht angestellt wurden sowie das nicht beachtet wurde, was jedem hätte einleuchten müssen. Allerdings liegt es mal wieder im Auge des Betrachters, wann ein Verstoß als „besonders schwer" einzustufen ist.

Mit „jedem" ist gemeint, dass man keine besonderen Sach- und Fachkenntnisse benötigt. Wenn ein Fliesenleger einen Chirurgen bei der Arbeit sieht und dieser raucht oder Alkohol trinkt, dann könnte der Fliesenleger die Operation sicherlich nicht besser durchführen – aber er weiß, dass das Verhalten des Arztes nicht korrekt ist. Das ist mit „jedem" gemeint. Jeder, das sind also grundsätzlich erwachsene, durchschnittlich intelligente Menschen – und nicht ausgewiesene Sicherheits-Fachleute mit mindestens 25 Jahren fachspezifischer Berufserfahrung und möglichst noch habilitiert.

Man kann jetzt jede Menge Beispiele bringen für fahrlässig und grob fahrlässig, doch Definitionen wären das alles keine. Wenn nachweislich falsches Verhalten zu einem Brand geführt hat, so wird der Geschädigte (verletzte Person, zahlungspflichtige Versicherung) die Situation wohl als grob fahrlässig einstufen (um mehr zu bekommen bzw. um weniger zahlen zu müssen), wohingegen der Schädiger die Situation verharmlosen wird.

Bei der Einstufung in fahrlässig oder grob fahrlässig kommt es auch drauf an, ob es sich um einen einmaligen Verstoß oder um einen grundlegend ständig gemachten Verstoß handelt. Einmalig kann Fahrlässigkeit sein, mehrmals wäre es schon grobfahrlässig. Dazu zwei Beispiele:

Beispiel 1
Wenn in einem Unternehmen 500 private Elektrogeräte betrieben werden, die korrekt geprüft und in Listen erfasst sind, und wenn eines davon ungeprüft und nicht erfasst ist und wenn dann auch noch dieses eine Gerät einen Brand verursacht, so würde das wohl juristisch als fahrlässig und nicht als grob fahrlässig eingestuft werden.

Beispiel 2
Wenn in einem Unternehmen 500 private Elektrogeräte betrieben werden, von denen keines in Listen erfasst ist, und wenn eines davon einen Brand verursacht, so würde das wohl juristisch als mindestens grob fahrlässig (ggf. auch billigende Inkaufnahme) eingestuft werden.

Man sieht, der einmalige Verstoß gegen sicherheitstechnische Vorgaben muss nicht unbedingt gleich als grob fahrlässig eingestuft werden.

Gegenbeispiel 1
Wer zu seinem nächsten runden Geburtstag betrunken selbst Auto fährt, wird von dem ihn kontrollierenden Polizisten keinen Rabatt, kein Verständnis bekommen, wenn man argumentiert, das sei das erste Mal, dass man betrunken Auto fährt.

Man sieht, der einmalige Verstoß gegen sicherheitstechnische Vorgaben kann bereits – da ja vorsätzlich gemacht – zu einer Strafe führen (auch wenn es nicht zu einem Unfall kam), die bei Vorsatz kaum höher sein kann.

Gegenbeispiel 2
Wenn eine Person bereits mehrfach wegen eines Delikts (z. B. betrunken ein Fahrzeug führen) aufgefallen ist, wird die Bestrafung deutlich höher ausfallen.

Auch wenn es keine klare Definition für grob fahrlässig gibt, kennt das **Versicherungsvertragsgesetz** den Begriff „grob fahrlässig" im **§ 26**: Im Fall einer grob fahrlässigen Verletzung ist der Versicherer berechtigt, seine Leistung in einem der Schwere des Verschuldens des Versicherungsnehmers entsprechendem Verhältnis zu kürzen.

Somit kann ein Versicherer eine Zahlung deutlich unter 100 % des Schadens anbieten – da der Versicherungsnehmer mit keinem dieser Angebote zufrieden sein wird, muss ein neutraler Dritter (Richter, ggf. mit Gutachter) eine Entscheidung treffen. Bei hohen Beträgen mag es sich rentieren, die Gerichte zu beauftragen – wenn man das dafür nötige Geld und, oft noch wichtiger, die nötige Zeit übrig hat. Solche Prozesse können sich über viele Jahre hinziehen und dann ist das Ergebnis ja ggf. auch nicht so, wie man es sich erträumt, oder das Ergebnis ist ungefähr so, wie das Anfangs-Angebot der Versicherung. Nur hat man jetzt vielleicht schon in den letzten 4 Jahren 200.000 € investiert.

Es ist nicht klar definierbar, wann fahrlässiges Verhalten in grob fahrlässiges Verhalten übergeht. Wer in einer Tempo-30-Zone 33 km/h fährt (10 % Überschreitung), wird in Deutschland – anders als beispielsweise in der Schweiz – dafür noch nicht bestraft, das würde als tolerabel eingestuft werden. Bei Tempo 39 km/h (immerhin eine Überschreitung um 30 %) schon, und zwar mit einem Strafzettel über 10–20 €. Wer hier satte 60 km/h fährt, wird wohl mit einer Anzeige rechnen müssen und wer weit darüber liegt und ggf. noch eine Person tötet, wird eine Anklage wegen Mord bekommen (vgl. den o. a. Vorfall in Berlin). Doch wo exakt die Grenzen zwischen fahrlässigem und grob fahrlässigem Verhalten und dann weiter in Richtung billigende Inkaufnahme oder gar Vorsatz liegen, das ist immer eine Einzelfallentscheidung. Hinzu kommt die eigene Einstellung des Richters bei der Beurteilung. Wenn ein Richter gesetzliche Bestimmungen konservativer, strenger auslegt, wird er wohl früher dazu neigen, etwas als grob fahrlässig einzustufen; ist der Richter liberaler, dann setzt er die Messlatte des Grenzwerts eben etwas höher an.

12.3 Katastrophal: Gebäude räumen

Sie haben eine Situation, die von Ihnen als so kritisch eingestuft wird, dass eine sofortige Gebäuderäumung eingeleitet werden muss und Behördenvertreter von Polizei und Feuerwehr die Führung übernehmen. Das bedeutet null Umsatz und damit verbunden jede Menge Probleme und Ärger. Passiert selten, aber es kann passieren. Wann? Beispiele:

- Wenn eine Explosion möglich wäre
- Wenn es eine Bombenwarnung gibt, die man ernst nimmt
- Austretendes Chlor in einem Schwimmbad
- Bei einem sich ausbreitendem Feuer, das man nicht mehr als „Entstehungsbrand" einstufen kann
- Bei einem Chemikalienunfall, bei dem Menschenleben gefährdet sind.

Überlegen Sie sich für unterschiedliche Bereiche Ihres Unternehmens bitte unterschiedliche Szenarien, bei denen Sie eine Räumung anordnen würden. Und überlegen Sie sich – das ist jetzt noch intelligenter! – bitte Maßnahmen, die man präventiv treffen hätte können, um diese schlimme, gefährdende Situation zu vermeiden und diese Maßnahmen setzen Sie um, führen sie ein. Wenn das immer so einfach wäre!

Ein der Automobilindustrie zulieferndes, mittelständisches Unternehmen bei Ingolstadt verfügte nicht über eine Brandmeldeanlage. Der Versicherer wollte eine Brandmeldeanlage haben, machte dies aber nicht zur Auflage und die 85.000 € waren dem Inhaber auch zu teuer für etwas, was ja nicht produktiv ist. Es kam zu einem Brand und die abnehmende Autofabrik musste sich einen neuen Lieferanten suchen. Es kam nicht zu einem Konkurs, aber es war kurz davor – das Unternehmen schaffte es, sich die Aufträge zurück zu holen. Beim Wiederaufbau des Unternehmens sagte der Inhaber: „Was hätte denn eine Brandmeldeanlage gebracht? Ich brauche eine Brandlöschanlage!" Und die wurde dann auch eingebaut, die Kosten lagen bei ca. 300.000 €. Dieses Beispiel mag sympathisch, nachvollziehbar sein. Aber sinnvoller wäre es gewesen, wenn man präventiv und nicht kurativ gehandelt hätte.

Manchmal kann eine Gebäuderäumung ein heilsamer Schock für „die da oben" sein – es kann eben zu schlimmen Situationen kommen und plötzlich ist Brandschutz, aber auch Arbeitsschutz nichts Unproduktives mehr, sondern sinnvoll, wirtschaftlich und ja auch gesetzlich gefordert.

12.4 Fragen zum Kapitel

1. Dürfen Brandschutzbeauftragte brandschutztechnische Mängel werten?
   a) Nein, alle sind gleich einzustufen und sofort abzustellen
   b) Ja, mit unterschiedlichen Reaktionen und Reaktionszeiten
   c) Nur nach Rücksprache und Genehmigung mit der Berufsgenossenschaft
   d) Ja bei organisatorischen Belangen; nein bei baulichen und anlagentechnischen Belangen

2. Macht es Sinn, Mängel bei Begehungen mit einem Foto zu dokumentieren?
   a) Das ist lt. Datenschutzgesetz verboten,
   b) Ja, möglichst mit dem Verstoß und der ihn ausführenden Person
   c) Ja, möglichst mit dem Verstoß und ohne der ihn ausführenden Person
   d) Ja, aber nur positive Situationen sind fototechnisch festzuhalten
3. Wie soll man reagieren, wenn man persönlich bei der Einstufung eines Verstoßes unsicher ist?
   a) Allein eine Entscheidung treffen
   b) Belegschaft befragen
   c) Internet-Recherche
   d) Eine vertrauensvolle, darauf spezialisierte Person befragen.
4. Treppenräume und notwendige Flure müssen grundsätzlich brandlastfrei sein. Ist diese Forderung absolut anzusehen?
   a) Ja
   b) Nein, Fußabstreifer sind erlaubt.
   c) Nein, eine Garderobe ist erlaubt.
   d) Nein, eine eingehauste Infotafel an der Wand ist erlaubt.
5. Eine Person aus der Belegschaft macht einen brandschutztechnisch relevanten Fehler. Wie soll man reagieren?
   a) Person möglichst unter vier Augen ansprechen.
   b) Person nicht ansprechen, sondern schriftlich informieren.
   c) Person nicht ansprechen, sondern die Personalabteilung informieren.
   d) Schriftliche Abmahnung zusenden.
6. Eine Person keilt häufig eine Brandschutztür auf und dies, obwohl ihr erläutert wurde, dass das verboten ist. Wie soll man reagieren?
   a) Akzeptieren; schließlich soll man Ärger vermeiden.
   b) Akzeptieren; schließlich brennt es äußerst selten.
   c) Anordnen, dass man den Keil im Brandfall zu entfernen hat.
   d) Nicht akzeptieren; ggf. mit Vorgesetzten und/oder Personalabteilung sprechen.
7. Handfeuerlöscher mit Kohlenstoffdioxid haben bei der Auslösung an der Düse eine Temperatur von ca. –78 °C. Eine Person kühlt damit im Hochsommer eine Coladose. Wie reagieren Sie, wenn Sie davon erfahren?
   a) Das ist originell und kann als „Vergehen" geduldet werden.
   b) Ich bitte die Person, das nicht mehr zu tun.
   c) Die Person erhält eine Abmahnung von der Personalabteilung.
   d) Die Person trägt die Kosten für das erneute Füllen des Handfeuerlöschers.
8. Sie finden im Unternehmen eine privat mitgebrachte Heizplatte, die nicht gemeldet ist. Was stimmt?
   a) Das ist legal, kein Verstoß gegen Vorgaben.
   b) Die Platte muss in den Büchern erfasst sein.
   c) Die Platte muss auf einem nichtbrennbaren Untergrund stehen.
   d) Die Platte soll möglichst ausgesteckt sein, wenn sie nicht benötigt wird.

9. Wer darf im Brandfall eine Gebäuderäumung anordnen?
   a) Feuerwehr
   b) Vorgesetzte Personen
   c) Personen, die den Teil C der Brandschutzordnung erhalten haben
   d) Ausschließlich Personen, für die der Teil A der Brandschutzordnung gilt
10. Abfall im Unternehmen wird von externen Kräften morgens vor Arbeitsbeginn entfernt. Wie werten Sie das?
    a) o. k.
    b) Strafrechtlich relevant!
    c) Ggf. kritisch, soll abgeändert werden
    d) Wenn die Behälter nichtbrennbar sind, ist das kein Problem.

13 Das Tagebuch des Brandschutzbeauftragten

„Alles, was nicht innerhalb von 15 Minuten vorliegt, gilt als nicht existent und alles, was erst morgen vorgelegt wird, gilt als manipuliert!" Diesen provokativen Satz sagte mal ein Staatsanwalt zu einem Unternehmen, in dem es zu einem tödlichen Arbeitsunfall gekommen war. ASA-Sitzungsprotokolle, Begehungsberichte, Explosionsschutzdokument, persönliche Unterweisungen, Betriebsgenehmigungen, individuelle Gefährdungsbeurteilungen, Mängelberichte und -protokolle, Prüfunterlagen u. v. m., solche Unterlagen sehen Ermittlungsbehörden gern, fordern sie ein. Da es keine zweite Chance für den ersten Eindruck gibt wäre es schön, das souverän vorlegen und übergeben zu können. Das ist jetzt natürlich nicht alles im Verantwortungsbereich des Brandschutzbeauftragten, aber nach katastrophal verlaufenden Bränden sollte der Brandschutzbeauftragte schon der Staatsanwaltschaft und auch den Feuerversicherungen bestimmte Unterlagen zügig vorlegen können. Dazu gehören auch Inhalte von Gesprächen, ausgedruckte eMails usw.

Wir Brandschutzbeauftragte sind ständig unterwegs, im Lager oder in der EDV, nehmen an Sitzungen teil, weisen Fremdfirmen ein, kontrollieren Wartungstechniker, kritisieren usw. Nach einigen Monaten oder Jahren kann man sich dann natürlich an vieles nicht mehr erinnern, jedenfalls nicht gerichtsfest. Gut, wenn man jetzt ein handgeschriebenes Buch hat, in dem man relevante Punkte einträgt und die man nachlesen kann.

Schaffen Sie sich so ein Buch an. Die Seiten sind nicht herausnehmbar bzw. nachträglich einfügbar, also am besten nummeriert. Ob das Format DIN A 4, A 5 oder anders ist, das entscheiden Sie subjektiv. Wer eine große Handschrift hat und auch Zeichnungen einbringen will, ist mit einem größeren Format besser bedient. Schreiben Sie hier mit Faserstift oder Kugelschreiber, nicht mit Bleistift ein – letzteres wäre zu leicht nachträglich (auch von Ihnen!) manipulierbar. Beginnen Sie immer, das Datum oben drüber zu setzen und halten stichpunktartig das Wesentliche fest.

Machen Sie seitlich einen vertikalen Strich von oben nach unten und teilen das Blatt so in einem Verhältnis von vielleicht 70:30 ein. Nur die 70% beschriften Sie, den Rest lassen Sie frei. Dort können Sie später Eintragungen einfügen (natürlich auch mit dem jeweils gültigen Datum), z. B. „erl." hinschreiben. Dann sieht man, wann der Punkt abgearbeitet, also erledigt wurde.

Eine Unterschrift ist nicht nötig, denn Sie kennen Ihre Handschrift und somit ist dieses persönliche Buch ein gerichtsfestes Dokument. Da Sie hier ausschließlich Dinge eintragen, die der Wahrheit entsprechen, können Sie ruhigen Gewissens sein.

13.1 Aufbau und Art

Das Buch soll so handlich sein, dass Sie es ständig bei sich führen können. Manche Personen wünschen im Buch einen Halter für einen Kugelschreiber, andere tragen den im Blaumann immer mit sich mit. Das Buch soll auch so dick sein, dass man nicht alle 2 Jahre ein neues Buch benötigt. Rechnen Sie auch damit, dass es in Ihrem Unternehmen Personen gibt, die sich – insbesondere nach Bränden – wünschen, dass es dieses „analoge Gedächtnis" nicht mehr gibt. Sprich, man wird ggf. versuchen, das Buch zu entwenden, um es zu vernichten. Kopieren Sie es also ab und zu und legen diese Kopien (die übrigens als gerichtsfeste Belege verwendet werden können!) am besten irgendwo ab, wo niemand herankommt (wenn es der Datenschutz erlaubt, zu Hause).

Gewöhnen Sie sich auch bestimmte Abkürzungen an, verwenden Sie verschiedene Farben (Textmarker) oder selbst kreierte Sonderzeichen; damit finden Sie bestimmte Textstellen schneller und sparen Platz, weil Sie nicht ausführliche, ganze Sätze schreiben, sondern weil bestimmten Zeichen eben für ganze Sätze und Sachverhalte stehen. Diese müssen Sie natürlich auch nach Jahren noch verstehen können, ggf. schreiben Sie vorn die Zeichen hin und daneben die Bedeutungen. Gerade bei Brandschutzbegehungen wird es ja immer die gleichen fünf oder zehn Kritikpunkte geben und das könnte dann so aussehen:

Verstoß	Mögliches Symbol als Abkürzung *)
Brandschutztür aufgekeilt	
Handfeuerlöscher fehlt	
Handfeuerlöscher-Prüfung abgelaufen	
Falsches Löschmittel im Handfeuerlöscher	
Notwendiger Flur zugestellt	
Notwendiger Treppenraum nicht frei gehalten	
Privates Elektrogerät nicht erfasst	
Privates Elektrogerät brandgefährlich aufgestellt	
Privates Elektrogerät nicht gewerblich zugelassen	
Falsches Raucherverhalten	
Verstoß gegen ...	
Zweiter Fluchtweg beeinträchtigt	
Falsches Verhalten von Fremdhandwerkern	
u.v.m.	

*) Überlegen Sie sich bitte selbst, welche Abkürzungen Ihnen hierzu am besten passen. Das kann eine Buchstabenkombination sein, ein von Ihnen neu erfundenes Phantasiezeichen, ein auf den Kopf gestellter Buchstabe, oder … Und überlegen Sie weiterhin, welche ganzen Sätze, Situationen, Verstöße Sie im Unternehmen sonst noch regelmäßig in Ihr Tagebuch eintragen wollen, damit Sie sich Zeit und Platz sparen können. Vergessen Sie aber nicht, schriftlich festzuhalten, welches Symbol welche Bedeutung hat, denn sonst könnte es in einem Prozess zu vermeidbaren Problemen kommen. Warum? Nun, weil Ihre Gegner vor Gericht (z. B. eine angeklagte Führungsperson) natürlich versuchen werden zu belegen, dass Ihre Aufzeichnungen nicht das Papier wert sind, auf das sie gekritzelt wurden.

13.2 Inhalte und Führung

Das Buch soll so im Format sein, dass man es bei seiner beruflichen Tätigkeit ständig und ohne als Handicap anzusehen bei sich führen kann. Somit könnte es sein, dass ein DIN A 4 Format schon für den einen oder anderen ausscheidet, denn die halbe Größe (also DIN A 5) kann man sich leichter mal hinten zwischen Gürtel und Rücken in die Hose klemmen.

Wir tragen alles Relevante ein und was relevant ist, unterliegt Ihrer subjektiven Einstufung. Das kann, darf und soll sich auch über die Monate und Jahre verändern, wie Sie darüber denken. Natürlich müssen Sie nicht ganze ASA-Protokolle (die ja objektiv auch noch nach Jahren zugänglich sind) abschreiben, aber einen Vermerk auf ein solches Protokoll, auf einen Begehungsbericht (der ja auch vielen Personen als pdf zugesendet wird und somit nicht nachträglich manipuliert werden kann) oder eine andere Stellungnahme, das wäre jetzt ggf. hilfreich. Folgendes sollten Sie mindestens eintragen:

- Kurze Inhalte von Telefonaten: Wer hat wann mit wem gesprochen, was kam dabei heraus, wer wird bis wann was umsetzen, wer wird das kontrollieren?
- Brandschutz-relevantes von ASA-Sitzungen: Um welchen Mangel geht es, bis wann wird er von wem beseitigt, wer verfolgt das…?
- Kurzzusammenfassung von Gesprächen „zwischen Tür und Angel": Wann haben Sie was wem gesagt, wie eindringlich war das, wie war Ihr Gefühl der Akzeptanz, welche konkrete Reaktion brachte die Gegenseite…?
- Situationen, die negativ sind und Ihnen bei Betriebsbegehungen aufgefallen sind, etwa aufgekeilte Brandschutztüren, nicht beseitigter Abfall, falsches und gefährliches Verhalten einer Person …
- Wichtige (positiv wie negativ) Inhalte von eMails oder Briefpost vermerken.
- Kontakte mit Firmen, Handwerkern
- Absprachen
- Probleme, Lösungen
- Reaktionen von Dritten
- u.v.a.m.

Sie sind die einzige Person, die in dieses Buch einträgt; ggf. wird mal ein Statiker eine Skizze hineinzeichnen (einfach, weil er besser zeichnen kann als Sie), aber sonst ist das Ihr persönliches Buch, fast so wie das Tagebuch einer 13-jährigen.

Wenn Sie nachträglich was durchstreichen oder ergänzen wollen, haben Sie zur Erläuterung dieses Vorgangs in der rechten Spalte mit vielleicht 20–30 % Platz die Möglichkeit, hier jetzt eine Erläuterung dazu einzutragen – nie mit Bleistift, immer aber mit Datum.

Wenn Sie einen Kugelschreiber mit den Minen schwarz, grün, blau und rot haben (oder auch vier solcher Faserstifte), dann können Sie für verschiedene Situationen unterschiedliche Farben wählen. a) ASA-Sitzungen, b) Begehungen, c) Behördenkontakte und d) Gesprächsinhalte. Mit der willkürlich gewählten Zahl „4" ist es natürlich nicht getan, vielleicht haben Sie sechs unterschiedliche Textmarker für sechs unterschiedliche Situationen und streichen damit lediglich die Überschriften an, oder Sie wählen die Farbe Rot für Sicherheitsrelevantes, Kritisches? Überlegen Sie, was Ihnen gefällt, was Ihnen passt, was zu Ihnen passt und so ist es dann für Sie auch richtig. Denn ein allgemeingültiges „richtig" wird es nie geben, dazu sind wir Menschen zu unterschiedlich. Machen Sie es so, wie es sich bewährt, wie es Ihnen am besten liegt.

Beispiel: Kollege A diktiert sich alles auf ein digitales Band und schreibt das anschließend ab. Vor Ort Notizen zu schreiben, das geht nicht, weil er Gerätschaften mit sich führt, die Luftfeuchte zu hoch ist, oder aus einem anderen Grund. Für Kollegen B ist das Abschreiben der Sprachaufzeichnungen deutlich zu zeitaufwändig, er kann mit Abkürzungen mehr Effizienz erreichen.

Herausgerissene Seiten gibt es nicht, darf es nicht geben. Wenn etwas falsch sein sollte (Ist es falsch? Haben Sie tatsächlich was Falsches geschrieben???), dann streichen Sie es durch und vermerken in der freien Spalte rechts, warum das jetzt anders gesehen wird. Das passiert ja auch ab und zu, z. B. weil ein Beamter oder Versicherungsvertreter eine Stellungnahme abgegeben hat, die zu einer Verschärfung oder Verharmlosung einer Situation führt. Oder auch, weil wir unsere Meinung geändert haben und eine Situation jetzt so und nicht mehr so einstufen. Das ist normal, üblich, menschlich und solche Meinungsänderungen sind ja oft auch nachvollziehbar, mit neuen Vorgaben oder Bränden belegbar.

13.3 Dokumentieren

Brandschutzbeauftragte haben viele Aufgaben bzw. können viele Aufgaben haben. Problematisch ist, dass diese Aufgaben – wirtschaftlich gesehen – nicht produktiv sind, d. h. das Unternehmen würde, Brandfreiheit vorausgesetzt, auch ohne Brandschutz arbeiten können. Somit ist klar, dass unsoziale bzw. rücksichtslose Unternehmer eher in Dinge investieren, die einen wirtschaftlichen Nutzen haben und nicht in Dinge, die sozial sind. Solche Chefs bremsen uns Brandschutzbeauftragte gern aus, versuchen möglichst wenig Zeit und Geld in den Brandschutz zu investieren und sehen die Schwerpunkte der betrieblichen Aktivitäten nicht wie wir gesetzt. Anders und zwar ganz anders sieht es dann aus, nachdem es gebrannt hat und ein Unternehmen nicht mehr produzieren kann: Dann nämlich ist der Brandschutz von größter Bedeutung und die Schuld für den

Schaden trägt aus Sicht dieser Personen dann eben die Person, die für den Brandschutz zuständig ist. Dass das grundlegend die Geschäftsleitung ist, in deren Folge die Vorgesetzten und letztlich jeder für das, was er tut, ist zwar juristisch so – das wissen diese Menschen aber oft nicht oder wollen es nicht wissen. Staatsanwälte, Mitarbeiter von Berufsgenossenschaften und Feuerversicherungen, diese drei Institutionen sind es nun, die den Brandschutz nach oben bringen und beleuchten, was gemacht wurde, respektive was nicht gemacht wurde. Bei Bränden mit Verletzten, Behinderten, gar Toten oder Millionenschäden will verständlicherweise niemand dafür letztlich verantwortlich sein, dafür geradestehen müssen. Nun hat es also gebrannt und der Brandschutzbeauftragte wird ein paar Fragen beantworten und die Antworten auch belegen müssen. Aus diesem Selbsterhaltungsgrund ist es äußerst ratsam für jeden Brandschutzbeauftragten, gerichtsfest belegen zu können, was er getan hat. Dazu gehört auch zu notieren, wie viel Zeit man für die unterschiedlichen Dinge gebraucht hat, auf welchem Niveau man begonnen hat (also wo man als Brandschutzbeauftragter gestartet hat, was man bereits übernommen und was man weiterentwickelt hat) und vieles mehr.

„Tue Gutes und rede darüber" – nach diesem Motto zu leben mag wenig bescheiden klingen, aber es kann sich als sinnvoll erweisen. Brandschutzbeauftragte müssen aktiv werden, die Belegschaft schulen, Kontrollen durchführen, an Besprechungen teilnehmen, Vorschläge unterbreiten und vieles mehr. Die vorgesetzten Personen werden – verständlicherweise – nicht immer begeistert sein, wenn ihre Mitarbeiter in Schulungen sind und nicht produktiv arbeiten oder wenn es baulich, anlagentechnisch, organisatorisch oder abwehrend Veränderungen und damit Kosten gibt. Dies ist auch einer der wesentlichen Gründe, warum man so eine Art „Tagebuch" führen soll (soll, nicht muss!), wo man bestimmte Dinge festhält wie Reaktionen, Probleme, Lösungsansätze und eben die gelieferten Aktivitäten des Brandschutzbeauftragten. Dieses Tagebuch kann analog oder digital (Tablet) sein – bei der digitalen Lösung soll man für Sicherungskopien sorgen, bei der analogen Lösung kann man durch Kopieren das auch bewerkstelligen. Es soll jetzt niemanden unterstellt werden, aber wenn das Verschwinden dieser Aufzeichnungen für andere Personen von juristischem Vorteil ist, dann muss man damit ggf. rechnen und davor sollen die Brandschutzbeauftragten geschützt werden. Be digitalen Tagebüchern muss man sich überlegen, wie man nachträglich Veränderungen einbinden bzw. Nachträge möglichst erkennbar machen kann.

13.4 Fragen zum Kapitel

1. Muss jeder Brandschutzbeauftragte ein Tagebuch führen?
   a) Ja, lt. BG-Vorgabe schon
   b) Ja, lt. Versicherungsvorgabe schon
   c) Nein, aber es könnte sich als sinnvoll herausstellen.
   d) Nein, das kann sogar kritisch für den Brandschutzbeauftragten werden.

2. In welcher Art sollte man sich ein Brandschutz-Tagebuch zulegen?
   a) Loseblattsammlung, also ein Aktenordner
   b) Feste, nummerierte und gebundene Seiten
   c) In Form eines Stundenachweises
   d) Je Tag eine Seite mit Auflistung der Arbeiten
3. Können Notizen im Tagebuch des Brandschutzbeauftragten vor Gericht verwendet werden?
   a) Nein
   b) Ja
   c) Ja, aber nur handgeschriebene Notizen mit Unterschrift vom Brandschutzbeauftragten und nicht mit Bleistift geschrieben
   d) Ja, aber nur handgeschriebene Notizen mit den Unterschriften vom Brandschutzbeauftragten und dem jeweiligen Gesprächspartner
4. Wem wird das Brandschutz-Tagebuch vorgelegt?
   a) Dem Chef und zwar einmal im Jahr, zum abzeichnen
   b) Der Versicherung, bei jeder Begehung bzw. bei jedem Besuch
   c) Ggf. dem Gericht, bei entsprechenden Verhandlungen
   d) Dem Vorsitzenden der ASA-Sitzung
5. Wann sind brandschutztechnische Verstöße eher akzeptabel?
   a) Wenn sie offensichtlich harmlos sind und nicht gefährlich erscheinen
   b) Wenn gegen Vorgaben schon mehrfach und langjährig verstoßen wird, ohne dass etwas Negatives passiert ist
   c) Wenn die Versicherungen bei Begehungen nichts dazu sagten
   d) Wenn gegen eine Verordnung verstoßen wird, nicht gegen ein Gesetz
6. Wann sollte das Tagebuch erneuert bzw. ausgetauscht werden?
   a) Wenn es vollgeschrieben ist
   b) Einmal im Jahr
   c) Halbjährlich
   d) Nach Bränden
7. Wie muss man das Tagebuch gliedern?
   a) Lt. DGUV Information 205-025
   b) Individuell, das ist nicht vorgegeben
   c) Stundenweise
   d) Nach dem Rang von Verstößen
8. Wenn man vor Ort Besprechungen hat: Dürfen dritte Personen im Tagebuch unterschreiben, Anmerkungen reinschreiben oder Skizzen verfassen?
   a) Ja, das kann sinnvoll sein.
   b) Nein, das ist verboten und würde vor Gericht auch nicht anerkannt werden.
   c) Das ist sogar gesetzlich verboten – hier darf ausschließlich der Brandschutzbeauftragte Einträge vornehmen.
   d) Ja – aber nur, wenn ein Prokurist das Ganze gegenzeichnet.

9. Wo sollte man sein vollgeschriebenes Brandschutz-Tagebuch aufbewahren?
   a) Im Firmenarchiv
   b) Wegwerfen, wird nicht mehr benötigt
   c) Bei einem Rechtsanwalt oder sogar Notar
   d) So, dass man ausschließlich selbst darauf Zugriff hat
10. Was würden Sie nicht in ein Brandschutzbeauftragten-Tagebuch eintragen?
   a) Stundenprotokolle
   b) Mündliche Absprachen mit Versicherungsvertretern
   c) Brandschutztechnische Mängel
   d) Nicht brandschutzrelevante Themenbereiche.

14 Die eigene Weiterbildung

Im 12. Jahrhundert hat sich das Wissen, das es in der Welt gab, ungefähr nach 150 Jahren verdoppelt. Heute liegt diese Zeit bei deutlich unter 5 Jahren. Das mag einerseits erschreckend sein, andererseits betrifft das ja alle Personen und somit können und müssen wir damit leben, zumal es heute ja deutlich mehr Themen gibt.

Beispiel: Der Holzkirchener Zahnarzt Dr. Michael N. sagte bei einer Wurzelbehandlung im Jahr 2019: „Das habe ich im Studium noch anders gelernt, damals wurden solche Zähne einfach gezogen. Doch heute haben wir gute Chancen, den Zahn zu erhalten, über viele Jahre!" Hier hat sich in der Zahnmedizin in 30 Jahren viel getan – ein Thema, das es wohl im 12. Jahrhundert noch nicht so als eigene Wissenschaft gab. Auch im Brandschutz wird sich in 50 Jahren zwischen 1970 und 2020 mehr getan haben in der Entwicklung als in den 1.000 Jahren zwischen 400 und 1400.

So ist es im Brandschutz: Vieles verändert sich, wir müssen unsere Finger am Puls der Zeit haben und uns vielschichtig umhören. Brandschutzbeauftragte müssen das Wissen von heute verinnerlicht, bereit haben – und nicht das von der Ausbildung zum Brandschutzbeauftragten von vor vielleicht 15 Jahren! Wir müssen uns verändern, um aktuell zu bleiben. Neue Erkenntnisse, die vom Stand der Technik zur Regel der Technik geworden sind, müssen zeitnah umgesetzt und somit eingeführt werden. Nachfolgend nur ein paar Beispiele, wie man bestimmte Dinge im Brandschutz früher gesehen und gelöst hat und die sich als falsch herausgestellt haben; wer hier auf dem Wissen von früher verharrt, ist weder intelligent, noch gebildet und der wird früher oder später mit seiner Engstirnigkeit Schiffbruch erleiden. Bei Neuerungen geht es jetzt bei unserer Bewertung einerseits darum, ob sich das auch bewähren wird und ob die neuen (anderen) Nebenwirkungen nicht zur negativen Hauptwirkung werden können; weiter müssen wir abwägen, wenn wir was neues hören, ob das denn auch wirklich so ist, oder ob die uns dies übermittelnde Person nicht vielleicht wirtschaftlich davon profitiert, wenn wir unser Verhalten verändern. Also am besten bei der Feuerwehr, einem Kollegen, der Berufsgenossenschaft oder der Feuerversicherung anfragen, ob Sachverhalt X auch wirklich als gesicherter Stand der Technik einzustufen ist, oder ob da ein Verkaufsingenieur uns lediglich etwas andrehen will.

Folgende Beispiele aus den letzten Jahrzehnten der objektiven Fehleinschätzung sollen beispielhaft angeführt werden:

Situation früher	Einstufung heute
Asbest in Feuerwehrbekleidung, Elektroöfen und Bodenbelägen	Krebserzeugend, 0 % Asbest, egal wo; bitte korrekt entsorgen lassen!
Halone als Löschmittel	Umweltgift, wir haben keine Halone mehr.
PCB-Transformator-Öle sind nicht durch die Energie des Trafos entzündbar (grundsätzlich aber schon) und somit ist deren Einsatz gelebter Brandschutz und besser als konventionelle Transformatoröle.	Sie erzeugen bei niedriger Verbrennungstemperatur Ultragifte, deren Entsorgung ggf. Milliarden € kosten; PCB-haltige Trafos und Kondensatoren entsorgen!
Löschdecken sind für Küchenbrände (Pfanne, Fritteuse) und Personenbrände geeignet.	Im Jahr 2000 (Mitteilung 9.14) hat die BGN dies faktisch verboten – auch weil es mittlerweile effektive Löscher hierfür gibt.
RWA-Anlagen für Industriehallen dürfen im Brandfall nicht vom Personal, sondern nur von der gerufenen Feuerwehr ausgelöst werden.	Je früher im Brandfall die RWA geöffnet wird, umso geringer sind die Sachschäden und die Personengefährdungen; ein Flashover ist anfänglich nicht zu befürchten.
Bei automatischer Ansteuerung einer RWA ist die Temperatur deutlich oberhalb 68 °C zu wählen (wenn rote Sprinkler vorhanden sind) – meist 95 °C.	Die RWA soll vor der Sprinkleranlage aktiviert werden, dann löst diese nämlich noch schneller (und nicht später, wie man vermutete) aus – das weiß man seit 1998!
Die Entrauchungsanlage in einer Halle darf nicht zur Belüftung im Normalfall verwendet werden, sie dient ausschließlich für den Brandfall.	Falsch, die RWA darf, so sie zerstörungsfrei auf- und zugeht, auch ohne Brand geöffnet werden, ohne negative Wirkung im Brandfall.
ABC-Pulver ist in Handfeuerlöschern pauschal (abgesehen von Metallbränden) immer das richtige Löschmittel und ist anderen Mitteln zu bevorzugen.	Pulver ist korrosiv und bewirkt große und mit anderen Löschmitteln vermeidbare Folgeschäden; es wird kaum noch eingesetzt.
Ionisationsrauchmelder (I-Melder) können unsichtbare Rauchpartikelchen früher erkennen als optische Melder (O-Melder) und deshalb sind beide Melderarten zu je 50 % einzusetzen.	Die Weiterentwicklungen der O-Melder und der digitalen Auswerteeinheiten haben bewirkt, dass man keine (gefährlichen) I-Melder mehr benötigt, die heute verkauften O-Melder sind optimal.
Polystyrol als Wärmedämmung an Gebäuden ist optimal, brandschutztechnisch harmlos und umweltfreundlich, es soll möglichst an allen Gebäuden nachgerüstet werden.	Heute weiß man, dass diese drei Meinungen völlig falsch sind und die Entsorgung wird ein großes Umweltproblem mit sich bringen – die Ökobilanz ist katastrophal!

Tab.: Beispiele objektiver Fehleinschätzungen

Wer nun „damals" diese Fehleinschätzungen geglaubt hat und sich deshalb aus heutiger Sicht falsch verhalten hat, der machte damals keinen Fehler, dem konnte man damals nichts vorwerfen. Doch wer heute noch auf diesem veralteten Wissen ver- und beharrt, dem werden seine Dogmen eines Tages um die Ohren fliegen.

Vielleicht lesen Sie sich diese o.a. Punkte noch mal durch und prüfen kritisch, ob Ihr Fachwissen wirklich auf dem Stand von heute ist. Wenn „nein", passen Sie es an und geben Sie Ihr Wissen auch an andere weiter, die darüber noch nicht verfügen. Und wenn Sie in 25 Jahren dieses Buch noch einmal durchlesen sollten, wird Ihnen einiges auffallen, was heute eben so gesehen wird, aber rückwärts betrachtet als falsch oder zumindest als veraltet und überholt eingestuft werden muss. Sie und ich, wir leben jetzt in den 2020ern und wissen es eben noch nicht (noch) besser!

14.1 Internet

Das Internet mag für wissenschaftliche Arbeiten nicht die erste Bezugsquelle sein. Wer aber über Brandschutz, Arbeitsschutz, gesetzliche Bestimmungen und auch Problemlösungen schnell und kostenlos Tipps haben will, für den ist das Internet die ideale Bezugsquelle. Ganz wichtig ist zu wissen, dass es zu vielen Themen offizielle Seiten gibt, die man immer als erstes angehen sollte. Ebenso wichtig ist es zu wissen, dass die größten Marktschreier wohl nicht die solidesten Personen, Firmen oder Institutionen sind. Wer im Branchenbuch den größten Eintrag hat und aufgrund seiner mit „AA..." beginnenden Namensgebung ganz vorn steht, ist vielleicht gut – vielleicht aber ist der solide Handwerker mit nicht fett gedrucktem Eintrag der anständigere, fähigere, preiswertere? Ebenso ist es im Internet, da gibt es – meist mit „Anzeige" versehene Einträge, die bei bestimmten Suchbegriffen als erste erscheinen. Dafür zahlen viele Firmen viel Geld und das holen sie sich dann auch wieder herein. Fallen Sie auf diese Dampfplauderer bitte nicht herein. Wir haben einen soliden Beruf und brauchen solide Fakten, keine noch so schön verpackten Meinungen. Die Meinung bilden wir uns bitte selbst und übernehmen sie nur in gut begründeten Ausnahmefällen von anderen.

Welche Seiten sind denn nun interessant? Da gibt es unterschiedliche und Sie benötigen nicht 10 oder mehr Internetseiten, sondern einige wenige und die besuchen Sie dann immer wieder:

- **www.baua.de** hat folgenden Vorteil: Diese staatliche Seite ist immer aktuell, virenfrei, ohne Werbung und man findet hier als pdf wohl alle gesetzlichen Bestimmungen, die man sich vorstellen kann (außer VdS und DIN); man wird nicht auf andere Seiten geleitet und man darf sich die Dateien legal herunter laden.
- **Gestis**, so Sie mit Gefahrstoffen zu tun haben.
- Die Seiten Ihrer **Berufsgenossenschaft(en)**
- Die **Seite Ihrer Feuerwehr** oder auch der Feuerwehr, die für Sie besonders interessante Informationen hat; so finden Sie z.B. zu Bildschirmen in Fluchtwe-

gen auf der Seite der Münchner Berufsfeuerwehr interessante Hinweise und auch wenn Sie jetzt im Ruhrgebiet arbeiten oder in Hannover – dieses Wissen wird auch dort anerkannt und kann als Erkenntnisgrundlage Verwendung finden (und hält wohl auch vor Gericht, gegen eine Versicherung).

- Klar, dass auch die Seiten der verschiedenen Feuerwehren, insbesondere die der großen Berufsfeuerwehren interessante und meist auch werbefreie Informationen bieten.
- Suchen Sie unter Begriffen wie „Brandschutz", „Neuerungen im Brandschutz", „Brandschutz-Unterweisungen", „Technische Lösungen im Brandschutz", „Brandschutzvorgaben", „Muster für eine Brandschutzordnung" u. v. m., und Sie bekommen zum Teil erstklassige Hinweise, die Sie sofort haben und die kostenfrei sind – aber Achtung, bitte nicht irgendein billiges Produkt kaufen durch bloßes Anklicken.
- Auch unter VdS oder GdV findet man viel über Brandschutz – natürlich aus dem (wichtigen) Blickwinkel der Feuer-Versicherungen (VdS steht für Verband der Schadenversicherer und GdV steht für Gesamtverband der Versicherungsindustrie)
- u. v. a. m.

Das Internet bietet so viel Positives, Wichtiges, Richtiges, dass man praktisch kaum noch andere Informationsquellen benötigt (gilt ja auch für Nachrichten). Aber achten Sie drauf, auf welchem Server, auf welcher Seite Sie gerade sind. Vermeiden Sie Anzeigen und Seiten, die primär wirtschaftliche Interessen verfolgen und vertrauen Sie den Seiten, die Ihnen im Brandschutz wirklich weiterhelfen wollen. Fragen Sie Kollegen, welche Seiten im Internet lesenswert sind.

14.2 Zeitschriften

Die Haptik hat schon etwas: Ich lange etwas an, besitze es und habe es nicht nur virtuell. Ein Buch oder eine Zeitschrift in den Händen zu halten ist etwas Absolutes. Fällt die Zeitschrift oder das Terminal herunter, gibt es beim Terminal eine Stromunterbrechung – die Internetseite ist verschwunden, doch die Zeitschrift wird aufgehoben und weitergelesen. Man kann sich in die Zeitschrift Notizen machen, und sie praktisch überall (Strand, Sauna, Arbeitsplatz, Zug, Wohnzimmer…) lesen. Das soll heißen, dass es in unserem zukünftigen Leben Zeitungen und Zeitschriften allen Unkenrufen zum Trotz wohl noch weiterhin geben wird. Es ist auch sympathisch in einer Zeitschrift, die man kennt, zu lesen. Schnell weiß man, was wo steht, wie das Blatt aufgebaut ist und man erkennt auch Anzeigen völlig klar.

Nun gibt es für uns Brandschützer sehr viele und vor allem auch unterschiedliche Zeitschriften und nachdem es unterschiedlich ausgelegte Fachbereiche im Brandschutz gibt, greift der eine wohl eher zum Blatt A, der andere zum Blatt B. Auch die eigene Ausbildung und das vorhandene Fachwissen wird dazu beitragen, die eine oder andere Zeitschrift als empfehlenswert oder eben wenig sinnvoll einzustufen.

Ach ja, noch ein wichtiges Argument für Zeitschriften: die Informationen können nicht durch eine Virus oder Trojaner verschwinden und sind akku-unabhängig verfügbar.

Nun könnten wir hier ca. 25 Zeitschriften abdrucken, aber damit ist Ihnen nicht geholfen; vergleichbar einer hungernden Person in einer fremden Stadt, der man ein Branchenbuch mit der Seite „Restaurants" gibt und damit nicht ein einzelnes Lokal in räumlicher Nähe empfiehlt, sondern praktisch alle. Ich will, dass Sie aktiv werden, dass Sie selbst herausfinden, welche Zeitschriften es gibt und dann besorgen Sie sich ein paar davon. Wie viel Zeit haben Sie zum Lesen? Wer finanziert sein Blatt primär mit Anzeigen und entsprechend gekauften Artikeln (auch solche gibt es!), wer hat wirklich gute Beiträge? Jede Zeitung hat eine Tendenz, eine Richtung. In einem Jogger-Magazin finden Sie wenig über Brandschutz, im Pudelblatt wird es kaum was über Fischzucht geben. So ist es auch mit den brandschutztechnischen Zeitschriften. Die eine geht mehr in Richtung baulicher Brandschutz, andere in abwehrenden Brandschutz (eher was für Feuerwehrleute), es gibt technische Brandschutzblätter, eine ist zu wissenschaftlich und damit realitätsfremd, eine andere bringt zu viele Beiträge selbstverliebter Theoretiker, Informationsblätter vom Innenministerium mit gesetzgeberlastigen Informationen (ist ja nicht verkehrt!), wieder andere gehen in Richtung Produktvermarktung und dann gibt es eben auch Blätter, die über den Tellerrand blicken und kritisches über angrenzende Fachbereiche bringen. Gehen Sie auf Messen, besorgen Sie sich von jedem dort kostenfrei ausliegenden Blatt je ein Stück und blättern Sie diese mal in Ruhe durch. Schnell finden Sie heraus, was es gibt, was für Sie interessant ist und was Sie abonnieren wollen. Insbesondere die Security (Essen), die Feuertrutz (Nürnberg) und die A+A (Düsseldorf) möchte ich hervorheben.

14.3 Bücher

In der Sekunde, wo Sie diese Worte lesen, halten Sie ja schon ein gekauftes Buch in Ihren Händen. Danke übrigens für den Kauf, Sie haben mich damit um einige, leider nur wenige Cent „reicher" gemacht. Ist dieses Buch somit eine Werbebroschüre? Die objektive Antwort lautet eindeutig: Nein. Der Brandschutz in Ihrem Unternehmen steht im Mittelpunkt, nicht das verkaufte Produkt „Buch", ich (Autor bzw. Leser) als Person oder die Vermittlung eines bestimmten Produkts bzw. das Beschreiten eines von mir (mir = ich bzw. Sie) vorgegebenen Wegs als einzig richtige Lösung. Meine Berufsbezeichnung ist geschützt und nennt sich „Beratender Ingenieur" und das bedeutet, ich darf keine Aktien besitzen oder Anteile von Firmen, deren Produkte ich Ihnen „anzudrehen" versuche. Der Wille, die Sicherheit der Kunden steht für Beratende Ingenieure im Vordergrund – wie das auch bei einem guten Arzt sein sollte, der eben nicht zu einer OP rät oder einem Mittel, wenn damit primär seinem Geldbeutel geholfen wird, nicht aber zur Therapie und Heilung der Patienten beiträgt.

Bücher haben nach wie vor ihren Stellenwert und ihre Berechtigung, auch wenn die Zeit sie schnell veralten lässt. Loseblattwerke sind da schon aktueller, denn Fehler können durch Entnahme von Blättern und dem Einfügen neuer Blätter beseitigt werden. Allerdings möchte ich Sie vor der Anschaffung von zu vielen Loseblattwerken warnen, denn folgendes sind Tatsachen:

- Die Anschaffungskosten von LBW sind oft nachvollziehbar und niedrig, doch die viermal im Jahr kommenden Nachlieferungen sind manchmal so teuer, dass ein regelmäßiger Neukauf preiswerter ist.
- Der Umfang ist oft so immens, dass man weder das Hauptwerk, noch die Nachlieferungen auch nur ansatzweise lesen kann.
- Die Tiefe ist so groß, wie man das als „normaler" Brandschutzbeauftragter oft überhaupt nicht benötigt.
- Manchmal wird hier Quantität mit Qualität verwechselt.

Bleiben wir mal bei diesem Buch; vieles was drinsteht, wird in 10 und mehr Jahren auch noch aktuell, richtig und wichtig sein. Das ist auch der Sinn von Büchern, eben was zu schreiben, was langfristig korrekt ist. Eine Tageszeitung hat andere Inhalte als ein Wochenblatt und es gibt auch monatlich erscheinende Zeitschriften, die sich nicht mit dem Tagesgeschäft abgeben.

Auch bei Büchern ist es so, dass ich (als Herausgeber von mittlerweile über 30 Büchern!) nicht auf bestimmte Personen oder Verlage verweisen will. Jeder muss selbst herausfinden, welcher Autor, welcher Verlag und welche Fachrichtung im Brandschutz ihm liegt, ihn weiterbildet.

14.4 Seminare

Die DGUV Information 205-003 fordert, dass sich **Brandschutzbeauftragte alle drei Jahre für 16 Unterrichtseinheiten** weiterbilden. Dieses Buch ist so ausgelegt, dass es diesen Anforderungen entspricht, es hat 16 Kapitel, die jeweils mindestens einer Unterrichtseinheit zugerechnet werden können. Somit ist man für die nächsten 3 Jahre auf der sicheren, also der geschulten Seite. Aber auch bei Seminaren gibt es solche, die am liebsten sich und die eigenen Produkte vermarkten und eben solche, die den Brandschutz im Vordergrund sehen. Die Höhe der Teilnahmekosten ist nicht unbedingt ein Beleg für hohe inhaltliche Qualität; andererseits darf man bei einem zu geringen Preis auch nicht unbedingt die besten Referenten erwarten, sondern ist wohl eher auf einer Kaffeefahrt, wo eben Produkte – die ja nicht schlecht sein müssen – feilgeboten werden. Hier möchte ich einige wenige einmal besonders hervorheben, die sich durch Qualität und Solidität hervorgetan haben; wer jetzt keine Erwähnung erfährt, ist deshalb nicht unbedingt schlechter, nur mir ggf. nicht bekannt (oder aber auch tatsächlich weniger solide) und die Reihenfolge der Auflistung stellt keine wertende Meinung dar:

- WEKA Akademie GmbH
- TÜV Rheinland Akademie
- Haus der Technik, Essen
- Technische Akademien
- TÜV NORD, Hamburg

- FORUM Verlag Herkert
- und sicherlich viele andere mehr (die allein deshalb, weil sie hier nicht aufgelistet sind, schlechter sein müssen – allerdings gibt es natürlich schon unterschiedliche Qualität bei den unterschiedlichen Anbietern).

Wer für die Teilnahme an so einem Seminar um die 500,– € je Tag bezahlt, dem wird schnell klar, dass es unter dem Strich preiswerter sein kann, wenn man sich einen Referenten ins Haus kommen lässt, als wenn man ein Duzend Leute aus der Belegschaft zu so einem Seminar schickt. Auch hier soll sich jeder überlegen, welche Art der Weiterbildung nicht nur fachlich effektiv, sondern auch wirtschaftlich effizient ist.

14.5 Fragen zum Kapitel

1. Wie muss sich ein Brandschutzbeauftragter weiterbilden?
   a) Über das Internet
   b) Durch die tägliche Arbeit im Brandschutz
   c) Alle drei Jahre mit 16 Unterrichtseinheiten á 45 min.
   d) Ausschließlich über Kurse bei der Berufsgenossenschaft
2. Welche Themen sind zur Weiterbildung für Brandschutzbeauftragte beispielsweise erlaubt?
   a) Baulicher Brandschutz
   b) Brandschutz für EDV-Anlagen
   c) Präsentation, Moderation, Diskussionsführung und Gesprächsführung
   d) Abwehrender Brandschutz
3. Wie stufen Sie die geforderte Weiterbildung für Brandschutzbeauftragte persönlich ein?
   a) Grundlegend ist das schon sinnvoll.
   b) Wenig sinnvoll, da sich nicht viel im Brandschutz verändert.
   c) Ich halte das für wenig sinnvoll, viel effektiver ist es, wenn man die Grundausbildung alle fünf Jahre komplett wiederholt.
   d) Man sollte sich Kurse aussuchen, wo die Anwesenheit nicht kontrolliert wird.
4. Was wurde früher als brandschutztechnisch korrekt eingestuft und ist es heute nicht mehr?
   a) Löschmittel Halon
   b) Askarelöl-Transformatoren
   c) Löschdecken für Küchenbrände
   d) Sprinkerauslösung vor Öffnung der RWA-Anlagen
5. Wo sollte sich ein guter Brandschutzbeauftragter Fachinformationen holen?
   a) Fachzeitschriften
   b) Internet
   c) Fachbücher
   d) Kurse, Seminare

6. Wo findet man im Internet sinnvolle Informationen über Brandschutz?
   a) www.baua.de
   b) Seite der Berufsgenossenschaft
   c) Seite der Feuerwehr
   d) Seite der Feuer-Versicherung
7. Welche Gefahr sehen Sie bei Fachartikeln in kostenlosen Brandschutzzeitschriften?
   a) Als soliden, objektiven Beitrag getarnte Werbebeiträge
   b) Keine – solche Blätter müssen allumfassend und objektiv berichten.
   c) Veraltetes Wissen
   d) Vorsätzlich falsche Informationen
8. Macht es Sinn, auf Messen zu gehen?
   a) Ja, um Kontakte zu knüpfen und neue Produkte zu sehen.
   b) Nein, das sind reine Lobby-Veranstaltungen.
   c) Ja, aber nur auf kleine und lokal begrenzte Messen.
   d) Es macht nicht nur Sinn, es ist lt. DGUV Information 205-023 sogar einmal alle 5 Jahre gefordert.
9. Was darf man sich als Konsument eines brandschutztechnischen Fachbuchs erwarten?
   a) Vertiefte Informationen
   b) Objektive Informationen
   c) Coupons mit Rabatten
   d) Solides und aktuelles Fachwissen
10. Welche Art der Weiterbildung für Brandschutzbeauftragte hat wohl den größten Effekt?
    a) Passives zuhören in Seminaren oder Online-Seminaren
    b) Aktives lesen, nach- und überdenken
    c) Produktveranstaltungen mit Action und Präsenten
    d) Keine; Weiterbildung ist ohne Sinn und Nutzen

15 Handfeuerlöscher

Unternehmen benötigen Handfeuerlöscher und dies ist unabhängig, ob es sich um eine Dönerbude, um eine Arztpraxis, um ein Logistikunternehmen oder um einen Multikonzern handelt. Dabei gibt es natürlich in Quantität und Qualität Unterschiede, denn bei der Dönerbude wird ein Löscher mit **6 Löschmitteleinheiten (LE)** und der Aufschrift „**ABF**" ausreichend sein, der Konzern benötigt in einer Niederlassung evtl. über 1.000 Handfeuerlöscher und zwar solche mit Wasser, Schaum, Kohlendioxid und Fettbrandlöschmittel – und neuerdings auch welche gegen Lithiumbrände (Das Li ist in Akkus und Batterien enthalten und mit herkömmlichen Löschmitteln nicht zu löschen.).

Entfernung, Anbringort und Anbringhöhe, Löschmittelart und Löschmittelmenge, unterwiesene Personen und vieles mehr ist in Deutschland geregelt und auf diese Regelungen geht dieses aktuell gehaltene (Stand: 10/21) Kapitel ein. Ebenso ist die Wartung ein wichtiges Thema, denn hier gibt es jetzt – erstmalig in Deutschland – keine absoluten Vorgaben mehr, sondern man darf unter bestimmten Bedingungen nach oben wie nach unten abweichen.

15.1 Die ASR A2.2

Die im November 2014 neu herausgegebene **ASR A2.2 (Maßnahmen gegen Brände)** enthält eine Reihe von Veränderungen und Konkretisierungen für den betrieblichen Brandschutz, und im Mai 2018 wurde diese ASR erneut überarbeitet herausgebracht. Insbesondere ist damit seit 11/14 die BGR 133 zurückgezogen, die ihrerseits Jahre zuvor die ZH 1/201 im April 1994 ablöste, d.h. die bisherigen Berechnungsgrundlagen für Art und Anzahl von Handfeuerlöschern in Unternehmen. Diese ASR gibt den aktuellen Stand der Technik wieder, sie konkretisiert die Anforderungen für Arbeitsstätten und blickt auch über den Tellerrand „Handfeuerlöscher" hinaus, d.h. fordert etwas mehr in Richtung Brandschutzorganisation; bei deren Einhaltung dieser Regel kann davon ausgegangen werden, dass die Vorgaben der Arbeitsstättenverordnung erfüllt sind. Bei Abweichungen muss man mindestens das gleiche Schutzniveau erreichen, oder – was ja sinnvoll und erlaubt ist – man ist damit besser, sicherer. Nun gibt es nicht wie in der TRGS 800 eine dreiteilige, sondern lediglich eine zweiteilige Einstufung unter dem Blickwinkel der Quantität der Brandlasten: Normale und erhöhte Brandgefährdung.

Unter „normaler Brandgefährdung" versteht man in etwa die Brandlasten eines Büros, d.h. durchaus viele und hohe Brandlasten. Ob in dem Büro nun 15 oder 250 Aktenordner in den Regalen steht, beides gilt als „normal". „Normal" wäre auch ein übliches Wohnzimmer, Schlafzimmer usw., wobei anzumerken ist, dass man für Privaträume keine Handfeuerlöscher braucht und auch nicht für Bereiche, in denen man nicht ständig bzw. regelmäßig arbeitet, etwa: Garagen, Dachstühle, Umkleideräume. Dort kann man natürlich Handfeuerlöscher stellen, aber juristisch gesehen muss man das nicht.

Unter „erhöhte Brandgefährdung" versteht man:

a) eine erhöhte Entzündbarkeit
b) eine große Wahrscheinlichkeit einer Brandentstehung sowie
c) eine noch schnellere Brandausbreitung.

Neu ist, dass die ASR jetzt ggf. weitere, individuell festzulegende – also andere Brandschutzmaßnahmen fordert und nicht mehr (wie früher bei der BGR 133) einfach eine Erhöhung der Anzahl der Löschmitteleinheiten bzw. der Feuerlöscher. An den Brandklassen hat sich nichts geändert, hier gibt es nach wie vor A, B, C, D und F.

Weiterhin unverändert ist, dass man die Löschvermögen (z. B. steht auf einem Feuerlöscher 13 A oder 34 A) nicht addieren darf – man darf lediglich die daraus resultierenden Löschmitteleinheiten addieren.

Wenn man die Menge der Handfeuerlöscher auf die vorhandenen brennbaren Flüssigkeiten korrekt abstimmen will, dann muss man nicht alle vorhandenen Flüssigkeiten addieren, um dann einen Vollbrand angehen zu können. Nach wie vor gilt, dass man Entstehungsbrände löschen können muss und ein „Entstehungsbrand" wird so definiert: Das Feuer ist so klein, dass aufgrund der geringen Hitze und der geringen Rauchgasmenge eine gefahrlose Annäherung noch möglich ist. Man muss davon ausgehen, dass der größte Behälter ausläuft und für diesen muss man Löschmittel bereitstellen. Nun kann der größte Behälter aber 200 l enthalten und sollten die komplett ausgelaufen sein, dann verlangt niemand von einem Nicht-Feuerwehrmann, dass er dieses Großfeuer mittels Handfeuerlöscher erfolgreich bekämpft. Aber auf den meisten für B-Brände zugelassenen Handfeuerlöschern steht „233 B" und das bedeutet, dass man damit – theoretisch – 233 l einer brennbaren Flüssigkeit ablöschen kann (!!!).

Heute werden Feuerlöscher mit weniger als **6 LE** nur noch unter sechs Bedingungen anerkannt:

1. Die Anzahl der Brandschutzhelfer wird verdoppelt.
2. Die Entfernung zum nächsten Handfeuerlöscher wird von ≤ 20 m auf ≤ 10 m halbiert.
3. Die Einstufung der Brandlast beträgt „normal", aber nicht „erhöht".
4. Die Handfeuerlöscher sind um mindestens 25 % leichter.
5. Die Brandgefährdung wird als „normal" eingestuft
6. Der Handfeuerlöscher verfügt über mindestens 2 LE.

Ein „geringes Gewicht" (das wäre nicht mehr als ca. 10–12 kg Gesamtgewicht eines Handfeuerlöschers) ist anzustreben, denn erlaubt sind maximal 20,4 kg und das ist für viele Personen im Unternehmen, gerade im Brandfall, ein zu hohes Gewicht.

Innerhalb eines Bereichs ist darauf zu achten, dass alle zur Verfügung gestellten Handfeuerlöscher die gleiche Funktionsweise haben. Dieser Hinweis ist wichtig und richtig und man muss ihn ernst nehmen; eine Lösung sieht so aus für einen hochwertigen Auflade-Handfeuerlöscher: Stift ziehen, Knopf einschlagen und am Ende des Schlauchs die Pistole drücken. Dies hat gegenüber dem Hebel am Griff den Vorteil, dass es einem den plötzlich unter Druck stehenden Schlauch nicht ins Gesicht schlägt.

Die **ASR** weist darauf hin, dass die Folgeschäden von Löschmitteln (allen voran: Pulver) zu berücksichtigen ist, d.h. es sind Löscher mit wenig schädlichem bzw. wenig zerstörendem Mittel zu wählen. Diese Forderung gewinnt deshalb an Bedeutung, weil Feuerversicherungen die Schadenzahlungen reduzieren können, wenn man das Salz ABC-Pulver abgeblasen und dieses, gemeinsam mit der vorhandenen Luftfeuchtigkeit, einen unverhältnismäßig großen Schaden angerichtet hat. Einen Schaden, der mit Schaum, Wasser oder Kohlendioxid nicht eingetreten wäre und zwar weiter entfernt vom Brandort, irgendwo im Raum. ABC-Pulver zerstört elektrische und elektronische Geräte, Produktionsmaschinen, Werkzeuge und vernichtet ganze Großküchen!

Auch wenn Bereiche übereinander liegen und sehr klein sind, so muss jetzt auf jeder Ebene bzw. in jedem Geschoss mindestens ein Handfeuerlöscher bereitgehalten werden, d.h. die räumliche Entfernung liegt bei ≤ 20 m.

Geradezu revolutionär neu ist die Möglichkeit lt. **ASR A2.2**, dass das Wartungsintervall von Handfeuerlöschern nicht mehr starr bei 24 Monaten liegt: Wenn klimatische, physikalische oder chemische Bedingungen es erforderlich machen, muss man sie auch häufiger prüfen. Und wenn dem a) nicht so ist und wenn b) der Hersteller des Handfeuerlöschers eine längere Zeitspanne für passend hält, dann darf man diese wählen. Mittlerweile gibt es Hersteller von Handfeuerlöschern, die nur noch nach bis zu 10 Jahren eine Prüfung für sinnvoll erachten. Dass nicht jede Wartungsfirma darüber begeistert ist, dürfte klar sein; diese Firmen werden ihren Kunden von dieser Einsparmöglichkeit auch nicht berichten. Doch auch hier muss man abwägen, wie groß die Einsparung in Wirklichkeit ist, denn diese Handfeuerlöscher sind meist aus dem teuren Material Kevlar und damit deutlich teurer und werden nach 10 Jahren nicht geprüft, sondern (teuer) ausgetauscht.

Sollten in einem Gebäude mehrere Unternehmen eingemietet sein (z.B. in einem großen Bürogebäude), dann ist es erlaubt, wenn in den öffentlich zugänglichen Bereichen (z.B. im Treppenraum, bei den Aufzügen) die nötigen Handfeuerlöscher bereitgehalten werden – wenn die reale, horizontale (nicht vertikale!) Gehlänge von 20 m nicht überschritten wird. Dies kann ein Vorteil sein, muss es aber nicht, denn Entwendung oder Missbrauch treten natürlich häufiger auf, wenn die Handfeuerlöscher nicht im geschützten Bereich des Unternehmens hängen. Doch man stelle sich vier kleine Unternehmen vor, die von einer Stelle kleeblattähnlich erreicht werden können und deren maximale Entfernung unterhalb 20 m liegt – hier würde jedes Unternehmen einen Handfeuerlöscher benötigen, insgesamt also 4 Stück; nun ist es erlaubt, dass man diese Zahl um 75%

auf 1 Stück reduziert. Dies macht auch deshalb Sinn, weil man ja nicht mit zwei voneinander unabhängigen Bränden innerhalb eines Bereichs und der gleichen Zeitspanne rechnen muss.

Als Grundausstattung (also minimale Ausstattung mit Handfeuerlöschern) wird nach wie vor gefordert:

Grundfläche	Löschmitteleinheiten
≤ 50 m²	6 LE
≤ 100 m²	9 LE
≤ 200 m²	12 LE
≤ 300 m²	15 LE
≤ 400 m²	18 LE
≤ 500 m²	21 LE
≤ 600 m²	24 LE
≤ 700 m²	27 LE
≤ 800 m²	30 LE
≤ 900 m²	33 LE
≤ 1.000 m²	36 LE
je weitere 250 m²	+ 6 LE

Tab.: LE/Fläche (Quelle: ASR A2.2)

Welche Löschleistung ein Handfeuerlöscher hat, lässt sich hiermit umrechnen:

LE	Brandklasse A	Bandklasse B
1	5 A	21 B
2	8 A	34 B
3	–	55 B
4	13 A	70 B
5	–	89 B
6	21 A	113 B
9	27 A	144 B
10	34 A	–
12	43 A	183 B
15	55 A	233 B

Tab.: Umrechnung Löschleistung (Quelle: ASR A2.2)

Je nachdem, wie hochwertig der Schaum oder das Pulver ist oder auch, welche Zusatzstoffe dem Wasser beigemischt werden oder welche Düse vorn am Schlauch verbaut wurde, kann man aus der gleichen Menge Wasser, Schaum und Pulver unterschiedliche LE erzielen.

Wenn z. B. „34 A" auf einem Handfeuerlöscher steht, bedeutet das, dass man als Profi einen genormten Holzstapel mit den Abmessungen 0,50 × 0,56 × 3,40 m (= 0,952 m³) erfolgreich ablöschen kann (theoretisch jedenfalls). Bei der Aufschrift „21 A" beträgt die Menge 0,50 × 0,56 × 2,10 m (= 0,588 m³). Beide Mengen sind beeindruckend und in beiden Fällen kann man nicht mehr von einem Entstehungsbrand sprechen. Damit ist belegt, dass man mit praktisch jedem Handfeuerlöscher souverän einen Entstehungsbrand (Papierkorb, Weihnachtsgesteck...) ablöschen kann.

Wenn **Wandhydranten** vorhanden sind, so dürfen diese mit maximal 27 LE (früher waren es lediglich 18 LE) angerechnet werden, wenn die nachfolgenden Bedingungen eingehalten sind:

- Die Wandhydranten sind flächendeckend.
- Alle Hydranten haben formstabile Schläuche.
- Wasser ist als Löschmittel für diesen Bereich geeignet und weder schädlich, noch gefährlich.
- Es sind ausreichend viele der Anwesenden unterwiesen, wie man einen Wandhydranten bedient.
- Eine Verrauchung der Fluchtwege oder des Treppenraums kann durch die Anwendung des Wandhydranten nicht geschehen (das wäre z. B. dann der Fall, wenn man den Schlauch aus dem Treppenraum in die Nutzungseinheit ziehen muss, wodurch dann die Rauchschutztür nicht mehr geschlossen werden könnte).
- Maximal können 27 LE/Wandhydrant angerechnet werden, jedoch nicht mehr als 1/3 der nötigen LE.
- Weder Rauchschutztüren (z. B. Flurtrenntüren oder Türen zwischen Flur und Treppenraum oder Flur und Nutzungseinheit), noch Brandschutztüren (z. B. in Brandwänden oder zu Bereichen mit erhöhter Brandlast) dürfen durch Wandhydranten am Schließen gehindert werden.

Wandhydranten haben gegenüber konventionellen Handfeuerlöschern zwei immens große Vorteile: Erstens ist die Löschmittelmenge unbegrenzt und zweitens kann man das Löschmittel deutlich weiter werfen, d. h. man begibt sich nicht in unmittelbare Gefahr durch Rauch oder Wärmestrahlung.

Beim Löschen ist immer zu beachten, dass man das Feuer vor und den Fluchtweg hinter sich hat. Wenn der Fluchtweg hinter dem Feuer liegt und man es nicht in den Griff bekommt, ist man ggf. tödlich gefährlich gefangen. Also beispielsweise von der Tür aus löschen, und wenn man merkt, dass man das Feuer nicht in den Griff bekommt, die Tür schließen – aber nicht verschließen. Ist die Feuerwehr schon gerufen, wird sie bald da sein und Menschen mit guter Ausbildung und ebensolcher Ausrüstung werden professionell das Feuer löschen, ohne sich in tödliche Gefahr zu bringen.

Für **Handfeuerlöscher** fordert die **ASR A2.2** konkret folgendes:

- Sie müssen leicht, gut sichtbar angebracht werden.
- Sie müssen leicht erreichbar angebracht werden.
- Ein Anbringen an Kreuzungspunkten, in Ausgängen oder in Fluchtwegen ist vorzuziehen.
- Die reale Entfernung von Arbeitsplätzen darf 20 m nicht überschreiten.
- Sie sind vor möglichen Beschädigungen (individuell festzulegen) zu schützen; mögliche Beschädigungen können Schmutz, Staub, Kälte, Anfahren und ggf. auch Diebstahl sein.
- Die Griffhöhe ist zwischen 80 cm und 1,20 m festzulegen – je nachdem, welche Beschädigungs- und Verletzungsgefahren entstehen können.
- Handfeuerlöscher sind immer mit einem Piktogramm auszuschildern, auch wenn sie klar sichtbar sind (ggf. zusätzlich zum Piktogramm noch ein rotweißes Schild mit einem Pfeil anbringen).
- Hydranten sind unter diesen eben genannten Gesichtspunkten für Handfeuerlöscher ggf. ebenfalls auszuschildern.
- Der Standort für Wandhydranten und Handfeuerlöscher ist in die Flucht- und Rettungswegepläne einzuzeichnen.

Ob eine sog. „erhöhte" Brandgefahr vorliegt, ist konkret oft nicht eindeutig und auch nicht einfach festzulegen. Die Ergebnisse einer Gefährdungsbeurteilung können hier helfen, ggf. auch die Arbeitsstättenverordnung oder die Betriebssicherheitsverordnung; liegt ein Brandschutzkonzept für das Unternehmen vor, so kann man ggf. auch hieraus entsprechende Informationen herausholen. Die **TRGS 400 (Gefährdungsbeurteilung für Tätigkeiten mit Gefahrstoffen)** oder die **TRGS 800 (Brandschutzmaßnahmen)** können ggf. konkret weiterhelfen. Wenn die Brandgefahr als erhöht eingestuft wird, wird ggf. folgendes nötig (manchmal reicht ein Punkt, manchmal muss man mehrere davon umsetzen):

- Erhöhung der Anzahl der Handfeuerlöscher
- Bereitstellen von fahrbaren Löschern
- Installation von Wandhydranten
- Installation einer Brandlöschanlage
- Installation von geeigneten, automatischen Brandmeldern.

Die ASR A 2.2 stuft dann Bereiche als erhöht brandgefährdet ein, wenn folgendes gilt:

- Stoffe mit hoher Entzündbarkeit vorhanden
- Brandfördernde Stoffe vorhanden
- „Günstige" Brandentstehung
- Schnelle Brandausbreitung
- Feuergefährliche Arbeiten finden häufiger statt.
- Gefahr der Selbstentzündung
- Es sind die Brandklassen D oder F vorhanden.
- Es gibt brennbare Flüssigkeiten und Gase

Als konkrete Beispiele für erhöht brandgefährlich kann man der ASR A2.2 entnehmen:

- Leichtentzündliches, Leichtentflammbares wie in Müllsammelbereichen
- Recyclingmaterialien
- Sekundärbrennstoffe
- Speditionslager
- Lacke, Lösemittel
- Altpapierlager
- Baumwoll-Lager
- Holzlager
- Schaumstofflager
- Verpackungsmaterialien
- Möbelhaus
- Heimwerkermarkt, Baumarkt
- Kino
- Diskothek
- Abfallsammelraum
- Küche
- Hotel
- Theaterbühne
- Tankreinigung
- Tankfahrzeugreinigung
- Chemische Reinigung
- Altenheim, Pflegeheim, Krankenhaus
- Möbelherstellung, Spanplattenherstellung
- Weberei, Spinnerei
- Papierherstellung und -verarbeitung
- Getreidemühle, Futtermühle
- Dachpappenherstellung
- lacke und Kleber
- Lackierungsanlagen und -geräte
- Öl-Härterei
- Druckerei
- Petrochemische Industrie
- Brennbare Chemikalien (z.B. Labore)
- Lederverarbeitung
- Spritzgießerei (Kunststoffe)
- Kartonagenherstellung
- Backwarenfabrik bzw. Backbetrieb
- Maschinen- und Geräteherstellung
- KFZ-Werkstatt
- Tischlerei, Schreinerei
- Polsterei
- Metallverarbeitung (z.B. wegen Schweißgase)
- Vulkanisierung
- Lederbearbeitung und Kunstlederbearbeitung
- Elektrowerkstatt.

15.2 Warnen vor einem Feuer

Die Neufassung der ASR A2.2 fordert, dass die Beschäftigten im Brandfall „unverzüglich" in den Betriebsräumen zu warnen sind. Die Branddetektion kann durch Menschen, aber auch durch Technik erfolgen, wobei die Technik (also eine automatische Detektion) vorzuziehen ist. Konkret wird gefordert, dass „geeignete Maßnahmen" garantieren, dass gefährdete Personen im Brandfall informiert werden und das kann durch Personen passieren, oder durch technische Anlagen. Die ASR formuliert, dass technische Maßnahmen vorrangig umzusetzen sind, wenn einer der nachfolgend aufgelisteten Punkte zutrifft:

- Eine automatische Alarmierungsanlage ist gefordert nach der Gefährdungsbeurteilung.
- Eine automatische Alarmierungsanlage ist im Brandschutzkonzept gefordert.
- Es gibt keine Ruf- oder Sichtverbindungen.
- Die räumlichen Gegebenheiten müssen als „ungünstig" eingestuft werden.
- Eine Räumungsübung hat ergeben, dass nicht alle von der Belegschaft von der Räumung erfahren haben und eine andere Lösung als eine automatische Alarmierung in allen Bereichen wird nicht gesehen bzw. ist nicht sicher genug.
- Es ist in der Sonderbauordnung gefordert, eine elektrische Rundrufanlage zu installieren (Versammlungsstätten, Verkaufsstätten, größere Hotels, ggf. Industriehallen, ungeregelte Sonderbauten…).
- Es ist eine Behördenauflage.

Welche Möglichkeiten der Alarmierung es gibt, auch darauf hat die ASR A2.2 eine Antwort und schlägt zehn Maßnahmen vor – von der man sich bitte die herausholt, die man als effektiv und effizient hält:

- Sprachalarmierungsanlage
- Akustische Signalgeber (Hupen, Sirenen)
- Personenbezogene Warneinrichtung (insbesondere für Personen, die sich nicht ständig an den gleichen Arbeitsplätzen aufhalten, etwa Hausmeister, Elektriker, Schlosser usw.)
- Elektroakustische Notfallwarnsysteme
- Optische Alarmierungsmittel
- Hausalarmanlagen
- Telefonanlage
- Megaphon
- Handsirene
- Zuruf von Person zu Person.

Die ASR A2.2 fordert, dass auf Brandgefährdungen hingewiesen wird. Präventive Maßnahmen sind bevorzugt umzusetzen, z. B. Explosionsschutz so umsetzen, dass keine Explosionen entstehen können und Entstehungsbrände vermeiden. Dann erst sind kurative Maßnahmen (Verhalten im Brandfall, Räumung, Löschen, Minimieren …) umzusetzen. Die Beschäftigten sind „angemessen", mindestens einmal im Jahr zu unterweisen und eine Unterweisung muss dokumentiert werden.

15.3 Brandschutzhelfer

Neu ist, dass „ausreichend" viele in der Belegschaft mit Handfeuerlöschern praktisch umgehen können müssen, und das sind **mindestens 5 % der anwesenden Mitarbeiter** – bei einer sog. erhöhten Brandgefährdung können das auch mehr sein (ohne dass hier in der ASR angegeben wird, wie viele konkret). Kündigungen, neue Mitarbeiter, Schichtzeit, Urlaub und Krankheit sind hier ebenfalls zu berücksichtigen. Die fachkundige Unterweisung (näheres auch in der **DGUV Information 205-023**, vormals BGI 5182) enthält mindestens:

- Grundzüge des vorbeugenden Brandschutzes
- Betriebliche Brandschutzorganisation
- Bedienung der Handfeuerlöscher und der Wandhydranten (so vorhanden)
- Gefahren durch Brände und wie man sie vermeidet
- Verhalten im Brandfall.

Auch auf **Baustellen** geht die ASR A 2.2 ein. Es werden Handfeuerlöscher und Brandschutzhelfer für Baubüros, Unterkünfte und Werkstätten gefordert. Wenn feuergefährliche Arbeiten anstehen, muss man mindestens **6 LE** bereitstellen. Auch hier muss es eine theoretische und praktische Ausbildung (d. h. Unterweisung und Übung mit Handfeuerlöschern) geben; diese Unterweisungen müssen auf Baustellen alle 3–5 Jahre wiederholt werden und bei besonderen Gefährdungen sind zusätzliche (hier nicht konkretisierte) Maßnahmen erforderlich.

15.4 Fragen zum Kapitel

1. Wer braucht Handfeuerlöscher bzw. wo muss man welche stellen?
   a) Wohngebäude ab 10 Wohneinheiten
   b) Seniorenheime
   c) Kindergärten
   d) Produzierende Unternehmen
2. Wo sind keine Handfeuerlöscher gefordert?
   a) Feuerungsverordnung (für Heizungen mit Öl, Pellets und Gas)
   b) Garagenbauordnung
   c) Landesbauordnung
   d) Außenbereiche von Unternehmen
3. Welches Löschmittel ist für alle konventionell üblichen Brandarten richtig?
   a) Kohlenstoffmonoxid-Handfeuerlöscher
   b) 1-2-3-Löscher
   c) A-B-C-D-F-Löscher
   d) So einen Allround-Löscher gibt es nicht
4. Wo findet man vertiefte Informationen über Qualität und Quantität von Handfeuerlöschern?
   a) ArbSchG
   b) ASiG
   c) ArbStättV
   d) ASR A2.2

5. In welchen Bereichen würden Sie sinnvollerweise die Anzahl der geforderten Handfeuerlöscher vervierfachen?
   a) Erhöhte Brandgefahr nach ASR A2.2
   b) Hohe Brandgefahr nach TRGS 800
   c) Nirgends
   d) Um nach Bränden auf der sicheren Seite zu stehen und unangreifbar zu sein und aufgrund der relativ geringen Kosten grundlegend überall
6. Welche der nachfolgenden Empfehlungen sind in der ASR A2.2 bei erhöhter Brandgefährdung zu finden?
   a) Brandabschnitte sollen 400 m^2 nicht überschreiten.
   b) Noch nichts, aber bei hoher Brandgefahr sind immer 10% Brandschutzhelfer gefordert.
   c) Individuell sinnvolle Zusatzmaßnahmen sind zu treffen.
   d) ABC-Handfeuerlöscher decken sinnvoll alle Brände ab.
7. Sind Handfeuerlöscher mit weniger als 6 Löschmitteleinheiten grundsätzlich erlaubt?
   a) Nein
   b) Ja, wenn alle anderen Handfeuerlöscher für A-, B- und C-Brände zugelassen sind.
   c) Ja, unter bestimmten Voraussetzungen schon
   d) Ja, aber nur, wenn CO_2- und Wasserlöscher zu je 50% vorhanden sind.
8. Wie häufig müssen Handfeuerlöscher gewartet werden?
   a) Einmal im Jahr
   b) Alle zwei Jahre
   c) Lt. Herstellerangaben kann das nach unten und oben variieren
   d) Auflade-Handfeuerlöscher müssen immer alle zwei Jahre gewartet werden, Dauerdruck-Handfeuerlöscher nur alle 3 Jahre.
9. Was bedeutet „6 LE", was kann man sich darunter vorstellen?
   a) 6 kg bzw. 6 l Löschmittel
   b) Ein Abfallbehälter mit 6 kg Abfall kann damit souverän gelöscht werden.
   c) Dieser Löscher hat keine Zulassung zum Löschen von Lebewesen.
   d) Ein definierter Holzstapel mit Abmessungen von ca. 50 cm zu 56 cm zu 210 cm (ca. 588 l Volumen) kann von einem Profi damit gelöscht werden
10. Sind Sprinkleranlagen anrechenbar auf die Anzahl der nötigen Handfeuerlöscher – also darf man weniger Handfeuerlöscher anschaffen, wen es eine flächendeckende Besprinklerung gibt?
    a) Ja, man kann jetzt bis zu 1/3 weniger Handfeuerlöscher fordern.
    b) Nein
    c) Ja, aber nur bei Vollsprinklerung und einer vorgesteuerten VdS-Anlage mit den schnell reagierenden Pre-Action-Sprinklerköpfen.
    d) Bei solchen Bereichen darf man sogar nach der ASR A2.2 vom 07/21 gänzlich auf Handfeuerlöscher verzichten.

16 Rhetorik: Das „Wie“, nicht das „Was“ entscheidet!

Jeder von uns hat, live oder im TV, schon viele Vorträge gehört und sprechende Personen erlebt. Schnell entwickelt man ein Gespür, ob die sprechende Person Ahnung hat, ein Sympathieträger ist und ob das gesprochene Wort überzeugt – oder ob es sich um eine eher unintelligent bzw. hilflos babbelnde Person handelt. Auch gibt es fähige Fachleute, die aber von Auftreten, Wirkung und Präsentationstechnik nicht nur wenig, sondern nichts verstehen; letzteres passiert häufig bei sog. Fachleuten, die nach wie vor der Meinung sind, dass das WAS von größerer Bedeutung ist als das WIE – und das ist falsch.

Wer jetzt enttäuscht ist, der zeigt damit seine solide Lebensgrundeinstellung und das spricht dann für und nicht gegen eine Person. Tatsache ist aber – ob Sie und ich das nun wollen oder nicht, dass das WIE von deutlich größerer Bedeutung ist. Das schließt ja nicht aus, dass man dennoch qualitativ hochwertige Informationen vermittelt und nicht als rhetorisch glänzender Dampfplauderer eingestuft wird.

Überlegen Sie sich also vorab, was Sie herüberbringen wollen. Wenn ein Mensch zu anderen etwas sagt, will er ja diese über etwas informieren und ggf. deren zukünftiges Verhalten ändern. Das stößt – und da müssen wir uns alle nicht ausnehmen! – erst mal auf einen bewussten oder auch unbewussten Widerstand. Schließlich sind wir bis zu diesem Zeitpunkt ja auch ohne diese Information ganz gut durch unser Leben gekommen und nun steht da einer, der meint wichtig zu sein und mehr zu wissen als man selbst. Das muss man wissen und akzeptieren, denn es hilft, Informationen freundlicher und damit überzeugender herüber zu bringen.

Vielleicht haben Sie schon mal eine gute Rede von einem Politiker gehört, dessen Partei sie noch nie gewählt haben. Inhaltlich überzeugend, aber ... So geht es jetzt auch dem einen oder anderen in Ihrem Unternehmen: Aus irgendwelchen Gründen mag diese Person Sie nicht und deshalb ist sie auch nicht bereit, von Ihnen was anzunehmen. Ich will damit sagen, dass Sie mit Vorträgen – wenn Sie gut sind – vielleicht 80 % der Belegschaft überzeugen können, aber Sie werden niemals 100 % begeisternd hinter sich haben.

Stellen Sie die Thematik in den Vordergrund, nicht sich selbst. Nicht Sie fordern etwas, sondern die Vorschrift X oder das Gesetz Y. Und bringen Sie immer den persönlichen Nutzen und der ist, dass man keine Probleme juristischer Art bekommt. Jede zurechnungsfähige, erwachsene Person ist für alle ausführenden Handlungen und auch für nicht erfolgte Handlungen (unterlassene Hilfeleistung) voll in der Verantwortung. Wir können als angestellte oder verbeamtete Person **aus vier Richtungen juristisch Ärger** bekommen:

a) Zivilrechtlich

b) Arbeitsrechtlich

c) Versicherungsrechtlich

d) Strafrechtlich.

Zivilrechtliche Klagen entstehen zwischen natürlichen oder juristischen Personen, etwa Mitarbeiter A verklagt Mitarbeiter B wegen fahrlässiger Körperverletzung. Arbeitsrechtliche Klagen können aus zwei Richtungen kommen: Das Unternehmen entlässt jemand wegen Gefährdung anderer, oder die Berufsgenossenschaft verhängt einer Person eine Geldstrafe. Versicherungsrechtlicher Ärger bedeutet, dass eine Feuerversicherung das Verhalten eines Mitarbeiters als grob fahrlässig einstuft und von ihm den an das Unternehmen bezahlten Schaden einfordert. Achtung, das kann wirklich passieren, dass man seine Immobilie und Rentenversicherung verliert! Strafrechtlich bedeutet, dass ein Staatsanwalt im Namen des deutschen Volks gegen eine Person eine strafrechtlich untermauerte Anklage einreicht. Nun ist klar, dass kein auch nur halbwegs intelligenter Mensch aus einer dieser vier Richtungen (manchmal auch aus zwei davon!) Ärger haben will – den kann man vermeiden, wenn man Vorgaben kennt und diese einhält.

16.1 Die Vorbereitung

Auf eine Rede über 30 Minuten müssen Sie sich als geübter Redner vielleicht 5 Minuten vorbereiten. Soll die Rede aber 5 Minuten sein, dann wird die Vorbereitungszeit 30 Minuten leicht überschreiten.

Diesen Lehrsatz der Rhetorik muss man länger und tief überdenken, um ihn zu verinnerlichen. Es gibt viele weitere pauschal gültige Sätze der Rhetorik, etwa „Reden lernt man durch Reden“. Das soll heißen, dass Sie 20 und mehr Bücher über Reden lesen können – wenn Sie es nie ausprobieren, sind Sie ein Anfänger und nicht gut. Ähnlich beim Sport: Wer nur Bücher liest, aber weder Kraft noch Kondition und Begabung hat, der wird den Sport nicht gut ausführen können. Aber es ist eben beides wichtig, Theorie und Praxis – beim Sport wie beim Reden und übrigens gilt dies auch für praktisch jeden Beruf!

Wie bereiten Sie sich konkret vor? Ganz elementar wichtig sind Zeitrahmen und zu vermittelnder Stoff.

Ein guter Maschinenbauingenieur muss keinen Führerschein besitzen, um gute Motoren konzipieren zu können und ein guter Rennfahrer muss keine Motoren konzipieren können. Überlegen Sie sich also, was Sie dem Auditorium vermitteln, denn wenn das Auditorium sagen wir 50 Informationen behalten wird, soll man da nicht allzu viel unnötiges Wissen reinpacken. Ein paar Beispiele:

Wichtige Informationen für alle	Richtige, aber unwichtige Informationen
Die Einsatzzeit des Handfeuerlöschers liegt bei ca. 30 Sekunden.	Der Druck im Handfeuerlöscher beträgt ca. 15 bar, bei CO_2 bis zu 50 bar.
Jeder muss im Brandfall Handfeuerlöscher bedienen können, nicht nur Brandschutzhelfer.	Handfeuerlöscher werden in der ArbStättV gefordert und die ASR A 2.2 konkretisiert das.
Rauch tötet, bereits geringste Mengen sind hochgefährlich.	Die Flamme eines Feuers kann bis zu 1.000 °C heiß werden.
Personenschutz steht vor dem Schutz von Sachwerten.	Die Feuerversicherungen haben letztes Jahr ca. 8 Mrd. € zahlen müssen.
Private Elektrogeräte müssen gemeldet, gewartet und genehmigt sein.	Diese Wartung muss lt. DGUV Vorschrift 3 und VdS 3602 erfolgen.
Es ist gesetzlich gefordert, dass man sich ... und ... verhält.	Es gibt Vorgaben in Gesetzen, Ordnungen, Verordnungen, Regeln und Normen.
Die Brandmeldeanlage reagiert auf Rauch, ggf. auch auf Wasserdampf oder Stäube.	Die Brandmeldeanlage ist nach VdS 2095 ausgelegt, sie wird regelmäßig von einer sog. Befähigten Person gewartet.
Die Sprinkleranlage löst bei knapp 70 °C Temperatur am Sprinklerkopf aus.	Es gibt pre-action-Sprinkleranlagen mit ESFR-Köpfen.
1.600 l/min. Löschwasser wird für Gewerbegebiete gefordert.	Das Merkblatt DVGW W 405 regelt in Deutschland die Löschwassermengen.
...	...

Tab.: Wichtige/unwichtige Informationen

Sie haben sich überlegt, was Sie bringen wollen, das Ganze wahrscheinlich auf einem Zettel geschrieben oder in eine Power-Point-Präsentation eingebettet. Nun gehen Sie jede Information dahingehend durch, ob das wirklich wichtig oder ob das nebensächlicher Natur ist.

Die Vorbereitung ist das A und O einer Rede, das Halten dann der kleinste, aber wichtigste Teil. Vergleichbar einem verrosteten Auto, das neu lackiert werden soll: Die Vorbereitung (Schleifen, Füllen, Spachteln, Schweißen) wird dann besonders zeitintensiv sein, je mehr Rost und Beulen das Blech hat. Wer gleich über den verbeulten Rost lackiert, der kann sich die Arbeit gleich ganz sparen.

Sie haben noch nie eine Rede gehalten? Egal. Einmal muss man beginnen. Sehen Sie anderen dabei zu, z. B. bei Familienfeiern. Da gibt es langweilige und selbstgerechte Personen, die sich und nicht die Thematik in den Mittelpunkt stellen. Menschen, die Witzchen reißen und dann am lautesten selbst darüber lachen. Und es gibt solche, an deren Lippen man hängt, weil sie es einfach drauf haben.

Reden lernt man durch reden und deshalb kaufen Sie sich für wenige Euro einen kleinen Ständer und schrauben Ihr Smartphone drauf. Stellen Sie es so ein, dass man Sie ganz sehen kann, Füße bis Kopf und dann üben Sie. Sprechen Sie 5 Minuten – das ist verdammt lang für einen Anfänger. Sehen Sie es sich wieder und wieder an. Achten Sie einmal auf die Tonlage, einmal auf den Inhalt, einmal auf die Körperhaltung. Wie ist der Blickkontakt? Wippen Sie nervös von einem Bein zum anderen? Gehen Sie ständig nach vorn und zurück? Sagen Sie dauernd ein langgezogenes „Äääh“, ein „Hmm“ oder sonst etwas – was Ihnen jetzt das erste Mal auffällt? Kommen Sie in den 5 Minuten nicht zur Sache? Arbeiten Sie daran. Ändern, verbessern Sie sich.

Sie sollen sich verbessern, nicht verbiegen. Bleiben Sie authentisch. Achten Sie auf die Zeit. Sollte die Rede 5 Minuten dauern, Sie sind aber nach 2 oder 12 Minuten fertig, dann haben Sie ein gewaltiges Zeitproblem. Stellen Sie eine Uhr so auf, dass Sie, ohne dass es andere merken, die Zeit im Blick haben – und sehen Sie nicht dauernd auf die Armbanduhr, das wirkt nämlich arrogant oder desinteressiert (wann bin ich endlich fertig?), auch wenn beides natürlich nicht zutreffend ist.

16.2 Kleidung und Auftreten

Sie arbeiten bei einer international führenden AG, einem Multi-Konzern? Großartig! Hoffentlich wird Ihr Arbeitsplatz nicht wegrationalisiert. Aber wenn Sie jetzt bei der Jahreshauptversammlung im Blaumann etwas über Brandschutz sagen, wird das Befremden erzeugen. Gottfried Keller hat die großartige Novelle „Kleider machen Leute“ ca. 1874 herausgebracht. Lesen Sie das Reclam-Heftchen, so Sie es noch nicht kennen, das gehört zur Weltliteratur. Daran hat sich nicht viel geändert! Kleider machen Leute sagt aus, dass das Auftreten stark durch die Kleidung – die man sich ja nicht unbewusst ausgesucht hat – beeinflusst wird. Man kommt eben so oder so an und man bringt natürlich bewusst etwa durch Kleidung, Tatoos, Schuhe, Schmuck oder Frisur etwas zum Ausdruck. Nicht-wirken geht nicht. Unser Aussehen wird immer bewusst aufgenommen, so oder so. Also fragen Sie sich: Was will ich ausstrahlen, wie will ich wirken? Solide, cool, Outlaw...?

Nun ist es übrigens völlig korrekt, wenn Sie Elektriker sind und im Blaumann der Belegschaft etwas über Brandschutz vermitteln; ein dunkelblauer Zweireiher mit Rüschenhemd und Fliege – das wäre die Lachnummer, noch nach Jahren. Und, zugegeben, es wird nicht vorkommen, dass der o. a. Multikonzern bei der Jahreshauptversammlung etwas über Brandschutzvorgaben sagt. Schade, dass wirtschaftliche Gewinne oder die Begründung der Entlassung von einigen Tausend so sehr im Vordergrund stehen und Soziales wie Arbeits- und Brandschutz nicht. Daran arbeiten wir Brandschützer aber!

Also, bitte keine Experimente, bunt kombinierte Peinlichkeiten oder Karos zu Streifen – es sei denn, man kennt Sie so, dann wäre das o. k. Übrigens, was für die Kleidung gilt, das gilt gleichermaßen für Ihre Artikulation. Sie sprechen so, wie man Sie kennt: Intelligent, informativ – aber bitte versuchen Sie nicht, jetzt durch den Einbau gestern gelernter Fremdworte (deren Sinn so halbwegs bekannt ist) besonders klug zu wirken, denn das wird daneben gehen.

Die Kleidung muss „passend“ sein und das sind heute Jeans und ein sauberes Hemd. Wer mehr Stil zeigen will, hat ein Sakko darüber und ist damit korrekt bekleidet – ob mit oder ohne Krawatte. Die Schuhe sollten aus Leder sein und nicht die von Ihnen bevorzugte Sportart vermitteln. Farbe von Schuhen und Gürtel (der lt. Knigge an jeder Hose zu sein hat!) sollten übereinstimmen und Stil zeigen. Ach ja, wenn Sie eine Krawatte tragen, dann möglichst ohne Einstecktuch und wenn doch, dann darf dieses nicht das identische Muster mit der Krawatte haben – auch wenn manche Billigläden das im Duo anbieten. Gegen eine Bundfaltenhose aus Stoff und einem langen Hemd spricht auch nichts und im Sommer darf man auch ein dezentes T-Shirt tragen. Nur sollten nicht üppig Brusthaare oben herausschauen, und wenn Sie mit Training und Medikamenten ihre Oberarmmuskeln aufgepumpt haben, dann sollten Sie diese jetzt nicht zur Schau stellen. So eine Nummer wirkt einfach nur primitiv und peinlich: Achten Sie mal auf solche „Persönlichkeiten“, wenn sie im TV auftreten.

Generell sollte die Kleidung keinen Grund zu Spekulationen oder Gesprächen führen. Dann nämlich hören die Leute eher weniger auf das, was sie sagen, sondern malen sich aus, ob Ihre Unterhose ein Tigermuster hat. Als Frau sollten Sie natürlich auch darauf achten, dass Sie durch Ihre Kleidung nicht den Hormonspiegel der paarungsbereiten Männer der Belegschaft derart nach oben treiben, dass sich kaum noch Blut im Kopf befindet – auch das mag sexy sein, in Wahrheit ist es aber eine voll peinliche Nummer mit dem „Erfolg“, dass man nicht auf den Inhalt Ihrer Worte achtet.

Zum Auftreten gehört, dass man Menschen als Menschen wahrnimmt und aktiv einbindet. Sehen Sie den Leuten in die Augen, aber keinem zu lange und lassen Sie keine Person aus. Blicken Sie auch in die hinteren Reihen, ohne nervös zu werden und halten Sie den Kopf nicht zu hoch (das wirkt arrogant), sondern nehmen Sie eher die Schultern nach hinten und unten, um das Kinn etwas abzusenken.

Im Auditorium sitzt Ihr bester Freund, mit dem Sie schon vor 30 Jahren in Italien literweise Rotwein getrunken haben? Schöne Erinnerung, aber behalten Sie das bitte für sich. Wenn Sie jetzt Insider-Geschichten erzählen, die außer Ihnen und dem anderen „Italiensäufer“ a) keiner kennt und b) keinen interessiert, dann haben Sie verloren.

In den ZDF-Nachrichten um 19:00 Uhr hat am Samstag, dem 13.07.19 Elmar Theveßen über einen möglicherweise schrecklich endenden Hurricane im Golf von Mexiko berichtet, der nördlich Richtung Houston oder New Orleans zugehen könnte. Er trug dabei u. a. ein einfarbig dunkelblaues T-Shirt mit der Aufschrift „Columbus“. Von dem Bericht bekam ich – bis auf die Bilder im Hintergrund – nichts mit, weil meine Familie darüber diskutierte, ob „Columbus“ eine exklusive Modemarke oder eine Stadt sei. Was ich damit sagen will: Verleiten Sie das Auditorium nicht durch einen kuriosen Krawattenaufdruck, durch abgetretene Schuhe oder pinkfarbene Kleidung dazu, Ihnen überhaupt nicht zuzuhören, um solch banale Nebensächlichkeiten ins Zentrum des Interesses zu stellen!

16.3 Eigene Fehler erkennen und vermeiden

Wer versucht, immer alles richtig zu machen, der wird scheitern. Zudem ist „richtig" auch relativ zu sehen, denn diese oder jene Art von Ihnen gefällt dem einen, dem anderen nicht, und umgekehrt. Wer das versucht, verstellt und verkrampft sich und wird scheitern. Nehmen wir mal drei Personen aus der jüngeren Deutschen Vergangenheit, die nachweisbar (jeder auf seinem Gebiet) wirklich sehr große Erfolge hatten und die unterschiedlicher nicht sein hätten können: Helmut Schmidt (Ex-Bundeskanzler), Thomas Gottschalk (Moderator) und Dieter Bohlen (Musiker). Wer versucht, Gottschalk, Schmidt, Bohlen oder andere Personen nachzumachen, wird scheitern. Diese drei sind aber genau mit dieser eigenen Art so gut angekommen – aber auch nie bei 100% der Bevölkerung! Damit will ich Ihnen sagen: Bleiben Sie sich treu. So wie Sie sind, sind Sie gut – Sie sollen und müssen sich aber verbessern, aber eben nicht verstellen, verbiegen. Wer eher ernsthafter ist, der tut gut daran, keine auflockernden Witzchen einzubauen.

Doch welche Fehler kann man denn machen, oder besser so: Welche Fehler muss man vermeiden? Da gibt es eine ganze Reihe und auf die gehe ich jetzt ein und ich verrate Ihnen auch, wie Sie diese vermeiden können. Hier einmal aufgelistet ein paar Störursachen sowie die mögliche, souveräne Reaktion von Ihnen:

Situationen	Mögliche Reaktion
Handy läutet, Person telefoniert, während Sie einen Vortrag halten, im Seminarraum.	Sie sprechen kein Wort mehr. Es wird so ruhig im Raum, dass es dieser Person peinlich wird. Wenn „nein", gehen Sie langsam, freundlich auf die Person zu und bitten Sie sie höflich, aber direkt, den Raum für den Zeitpunkt des Gesprächs zu verlassen. So viel Anstand muss sein.
Unterhaltung von zwei Personen im Auditorium, die länger oder lauter ist.	Kann man ja mal kurz dulden. Doch irgendwann wird es zu laut. Erinnern Sie sich an Ihre Schulzeit: Schlechte Lehrkräfte wurden lauter, bei guten gab es so was nicht. Also nicht selbst lauter werden. Blicken Sie die beiden an, das merken die und wird ihnen peinlich.
Besserwisser, die Sie ständig ergänzen, was hinzufügen oder altklug noch einen oben draufsetzen.	Manche hören sich selber gern sprechen und zwar möglichst lange und selbstgefällig. Mit einem leicht autoritärem „Danke, aber jetzt möchte ich bitte wieder das Zepter übernehmen" oder etwas freundlicher „Stimmt ja, aber das führt uns zu weit weg von dem, was relevant ist" können Sie dem ein Ende bereiten.
Provokateur, der durch blöde und freche Zwischenrufe ziemlich nervt.	In der Masse ist man stark, aus der Gruppe der Zuhörerschaft heraus die einzelne Person da vorn schnell, billig und blöde ansprechen ist einfach. Sagen Sie: „Danke für ihre Meinung!", oder „jetzt wieder ernsthaft!" und der oder die Pfeife wird verstummen. Ignorieren Sie diese Person.

Situationen	Mögliche Reaktion
Schlechter Beamer (dunkel, kleines Bild)	Das passiert Ihnen nicht, weil Sie einen guten Beamer haben, dessen Lampe hell und dessen Objektiv ein großes Bild werfen kann.
Zu hell (man sieht Beamerbild kaum)	Der Raum kann innen und außen abgedunkelt werden, das wird aber nur so weit gemacht, wie es klimatisch nötig ist.
Zu heiß (starke Transpiration)	Der Raum ist klimatisiert, oder wir wählen einen nach Norden ausgerichteten Raum – oder die Schulung findet im Winter statt.
Zu kleiner Raum (bedrückend)	Auch das passiert Ihnen nicht, weil Sie vorab wissen, wie viele Personen kommen.
Zu viele Personen in dem Raum	Sie können vielleicht bei 25 Personen noch eine persönliche Beziehung aufbauen, Geschichten vermitteln. Bei 50 können Sie das nicht mehr. Wir machen jetzt 2–3 Gruppen aus einer.
Desinteresse an der Thematik des Vortrags	Gute Referenten wählen die Titel der Vorträge so gut, dass sie interessant sind. Zudem können sie mit den ersten Sätzen die Leute bitte dazu begeistern, Ihnen zuzuhören.
Extremaussage (Nazimethoden, Stasiüberwachung) eines Teilnehmers Ihnen gegenüber	Direkt, kurz und hart eingreifen, etwa so: „Vorsicht, jetzt ganz schnell stopp, es geht um Brandschutz im Unternehmen. Danebenbenehmen darf sich jeder am Stammtisch, nicht in unserem Unternehmen und nicht in meinen Schulungen." Und dann ruhig, aber souverän mit dem Stoff weiter.
Konstruktion des Vorwurfs des Rassismus zu einer Ihrer Aussagen	Heutzutage werden Menschen mit diesem platten Vorwurf, übrigens auch in den Medien angegriffen – auch wenn überhaupt nichts dahinter ist. Verwehren Sie sich kurz, aber deutlich gegen solchen Unfug, auch im privaten Leben!

Tab.: Situation/Reaktion

Es gibt eine paar Verhaltenskodexe, die man als Referent beachten muss – schließlich stehen wir in der Bütt und alle anderen sind das Auditorium. Souveränität hat man nicht von Anfang an (man möge an seine Lehrjahre denken), man bekommt sie über die Zeit. Je mehr Jahre Berufserfahrung, je mehr Fachwissen, um so souveräner wird man. Wenn jemand eine Frage stellt, dann darf man ruhig mal ein paar Sekunden nachdenken oder auch sagen „das kann ich jetzt nicht beantworten", aber a) „ich besorge die Antwort" oder b) „es tut hier auch nichts zur Sache". Oder c), man fragt das restliche Auditorium „wer weiß eine Antwort? – kann die Antwort bitte jemand googeln, während ich weitermache?"

Zu a): Das sollten Sie dann auch wirklich zeitnah machen und nicht hoffen, dass keiner mehr daran denkt. Wir kommen an, wenn wir als zuverlässig gelten.

Zu b): Wenn jemand im Detail einen Brandschutzbeauftragten fragt, was bei der Wartung der Sprinkleranlage gemacht wird oder wie die elektronische Schaltung im Rauchmelder getaktet ist, dann wäre diese Antwort richtig.

Zu c): Jeder wird akzeptieren, dass wir nicht alle Themenfelder abdecken können und es andere Fachleute gibt, die das wissen.

Angenommen, Sie sagen „ab heute ist im Lager und auf der Rampe Rauchverbot", dann könnte jemand, den das direkt betrifft spontan antworten: „so ein Blödsinn". Wie reagiert man jetzt? Greifen Sie das Wort „Blödsinn" auf und invertieren es, also geben Sie es zurück, etwa so: „Nein, das ist kein Blödsinn. Blödsinnig indes wäre es, wenn wir dort weiter rauchen, weil dann ein Brand nur eine Frage der Zeit ist und weil der Versicherer die Zahlung verweigern würde." Und schon steht es eins zu null für uns.

Üble Fehler schlechter Referenten sind weiter:

- Sie fühlen sich in Ihrer Rolle nicht wohl und sprechen deshalb so leise oder undeutlich, dass man sie kaum versteht.
- Sie haben beide Hände in den Hosentaschen (maximal eine Hand!).
- Sie stehen wie ein begossener Pudel vor den Leuten und haben ein Gesicht wie bei einer Beerdigung.
- Sie machen keine Sprechpausen, die das Auditorium zum Nachdenken, Aufnehmen und Verdauen der Informationen benötigt.
- Sie lassen eine zu große Unruhe im Raum zu.
- Sie binden das Auditorium nicht aktiv ein.
- Sie akzeptieren nicht, dass es im Auditorium Personen gibt, die punktuell ein tieferes Fachwissen „Brandschutz" haben als sie selbst.
- Sie machen sich über jemand im Auditorium lustig.
- Sie werden unhöflich.
- Ihre Stimmlage ist so monoton wie in den 70-er Jahren das ARD-Testbild im Fernsehen.
- Sie weisen auf eigene Schwachstellen, Peinlichkeiten oder Unsicherheiten auch noch alle hin.
- Sie stehen nicht hinter den eigenen Aussagen.
- Sie haben kein Taktgefühl.
- Ihnen fehlt die Fähigkeit, das zu vermittelnde auf die gegebene Zeit zu verteilen.
- Sie sprechen schulmeisterhaft, belehrend, von oben herab – und das wirkt arrogant.
- Sie kommen zu spät, das Auditorium wartet (das wirkt nicht arrogant, das ist es!); und daran hat weder der Stau noch die Bahn Schuld, sondern einzig und allein der Referent.

- Besondere Sympathien oder gar Antipathien gegen Personen aus dem Auditorium zeigen.
- Deutlich zu früh aufhören oder stark überziehen – insbesondere, wenn Nachreferenten folgen, ist (freundlich ausgedrückt) unhöflich.
- Sie erzählen peinliche Witzchen, sexistisches u. s. w.

Machen sie das Beste daraus, akzeptieren Sie die Hinweise, filmen Sie sich und achten Sie darauf, ob Sie gegen eine oder gar mehrere dieser Vorgaben verstoßen haben. Dann filmen Sie sich erneut und erneut und schließlich sind Sie mit dem Produkt zufrieden und können auftreten – womit wir schon beim nächsten Unterpunkt angelangt sind.

16.4 So verbessern Sie sich

Sie filmen sich. Sprechen allein im Bad, im Wohnzimmer, im Büro. Sehen Sie es sich mehrfach an. Wundern Sie sich nicht über Ihre Stimme, die gefällt Ihnen nämlich nicht, weil sie anders klingt. Der Grund ist, dass wir die eigene Stimme über den Körperschall der Knochen des Kopfes und über die reflektierten Schallwellen kennen und so klingt sie anders, als wenn wir uns im Film sehen. Die subjektive Meinung, dass die Stimme „komisch" klingt, stimmt objektiv nicht, sie ist normal, gut, passt. Dennoch achten Sie auf die Stimme, denn vielleicht verschlucken Sie ganze Silben, verwenden Worte, die in diesem Landstrich nicht üblich sind, sprechen zu stark Dialekt oder verhaspeln sich zu häufig. Lassen Sie auch die Gestik und Mimik auf sich wirken und analysieren Sie, wie das wirkt. Mimik, das sind die Gesichtsbewegungen, die können zu viel und zu gering sein. Gestik, das bedeutet die Körperhaltung, das Bewegen von Armen und Händen – auch hier gibt es ein zu viel und ein zu wenig.

Sie können auch mal per Smartphone lediglich die Stimme aufnehmen und im Auto bei der Heimfahrt – wenn Sie allein im Auto sind – sich das Ganze anhören. Das wiederholen Sie, und zwar zweimal in der Woche. Sie halten immer wieder den gleichen Vortrag und hören sich an. Ob Sie wollen oder nicht, es wird lockerer, informativer, freundlicher, kurzweiliger. Und dann legen Sie eine Schippe nach, sprechen nicht 15, sondern 30 und dann 45 Minuten, die Themen werden anspruchsvoller und Sie werden besser – noch besser.

Schließlich halten Sie auch mal einen Vortrag vor einem kleinen, ausgesuchten und Ihnen gewogenen Publikum. Das können ein paar Freunde und der Ehepartner sein, oder ein paar Kollegen – wichtig ist, dass diese Leute uns mögen und deshalb auch ehrlich mit uns sprechen. Die sagen uns dann ganz ehrlich, wie das auf sie wirkt. Aber Achtung, das sind ja keine Rhetorik-Dozenten, sondern Amateure – nicht alles, was die kritisieren, sollten Sie auch umsetzen. Manches ist so marginal, unbedeutend oder es ist eben Ihr Wesen und deshalb sollten Sie sich auch nicht verstellen. Als Angela Merkel noch Bundeskanzlerin war, machte man sich in den Medien häufig über ihre rautenartige Handhaltung lustig. Davon hat sie sicherlich gehört, und was tat sie? Sie stand dazu, änderte nichts. Auch den Vorgängern Schröder und Kohl wurden bestimmte Lächerlichkeiten vorgehalten, aber auch die gingen souverän darüber hinweg und blieben sich selbst treu – das ist wahre Souveränität und primitiv sind die Kritiker, so wie auch früher die äh-Zähler bei E. Stoiber. Es geht um Inhalte, aber man sieht ja, dass Kritiker dieses Niveau nicht haben bzw. halten wollen.

16.5 Fragen zum Kapitel

1. Welche persönliche Eigenschaft wäre für Brandschutzbeauftragte ideal?
   a) Schüchterner Individualist
   b) Introvertierter Einzelgänger
   c) Zurückgezogener Intellektueller
   d) Gebildeter Fachkundiger
2. Welche Weiterbildung sollte man meiden?
   a) Rhetorik
   b) Fachliteratur
   c) Verkaufsveranstaltungen
   d) Praxisbezogene Veranstaltungen
3. Welche Brandschutz-Schulung von Ihnen für die Belegschaft wäre optimal?
   a) Spontane Infoveranstaltung, also ohne jegliche Vorbereitung
   b) Gute Vorbereitung, ausgearbeitete Power Point Präsentationen, ggf. mit Fotos aus dem Unternehmen und passenden, kurzen Filmsequenzen
   c) Jährlich wechselnde Brandschutz-Themen
   d) Jährlich exakt die gleichen Informationen
4. Was sollte man als Brandschutzbeauftragter in einer Schulung über Handfeuerlöscher vertieft vermitteln?
   a) Die unterschiedlichen Gehäusearten bei CO_2-Löschern (Aluminium) und bei Wasserlöschern (verzinktes Stahlblech)
   b) Die alle 10 Jahre nötige Innenprüfung und Druckprüfung
   c) Die unterschiedlichen Einsatzdauern von Handfeuerlöschern, abhängig vom Löschmittel und der Löschmittelmenge
   d) Die Vor- und Nachteile der unterschiedlichen Löschmittel (also die Einsatzmöglichkeiten und Einsatzgrenzen)
5. Wie sollte man bei Schulungen auf Widerspruch reagieren?
   a) Sofort und absolut unterbinden
   b) Darauf eingehen
   c) Abwägen, ggf. Gegenargumente bringen
   d) Schulung abbrechen
6. Wie sehen optimale Schulungen aus?
   a) Keine Fragen zulassen
   b) Nach der täglichen Arbeit abhalten
   c) In die Freizeit verlegen
   d) Praxisorientiert und arbeitsplatzbezogen

7. Wie sollten die Kleidung und das Auftraten des Brandschutzbeauftragten bei Schulungen sein?
   a) Lässige Sportkleidung
   b) Dunkler Anzug
   c) Die Kleidung tragen, die man auch sonst bei der „normalen", täglichen Arbeit trägt
   d) Möglichst auf einem vertikal erhöhten Stehpult/auf einer Bühne stehen
8. Wenn Ihnen bei einer von Ihnen gehaltenen Schulung eine Frage gestellt wird und Sie wissen die Antwort nicht, welche Reaktion wäre angebracht?
   a) Gut klingende und ggf. plausible Notlüge erfinden, um weiter als wissend und souverän zu gelten.
   b) Zugeben, dass man die Antwort nicht geben kann.
   c) Zusagen, dass man sich um eine Antwort kümmert und diese nachliefert.
   d) Die Frage als unbedeutend abtun und das Gespräch souverän auf eine andere Thematik leiten.
9. Soll man auch brandschutztechnische Tipps für den privaten Bereich in Brandschutzschulungen einbauen
   a) Das ist in Grenzen schon sinnvoll.
   b) Das ist überhaupt nicht zielführend.
   c) Das ist nur sinnvoll, wenn es sich um abwehrenden Brandschutz handelt, nicht um vorbeugende Brandschutzmaßnahmen.
   d) Das ist lt. DGUV Information 205-003 sogar verboten.
10. Was kann man tun, um sich rhetorisch zu verbessern?
    a) nichts – jeder ist so, wie er ist
    b) Sich aufnehmen und mehrfach konstruktiv-kritisch anhören und ansehen
    c) Zur Beruhigung vor dem Vortrag 1–2 Schnäpse trinken
    d) Sein TV-Idol imitieren

Antworten zu den Fragen der 16 Kapitel

Hier nachfolgend finden sich die richtigen Antworten zu den zehn Fragen je Kapitel. Es ist anzumerken, dass diese Fragen lediglich für Personen Gültigkeit haben, die a) bereits die **Grundausbildung** von **64 Unterrichtseinheiten** für Brandschutzbeauftragte hinter sich haben und möglichst auch schon Berufserfahrung in dieser Richtung. Wenn keine Antwort hingeschrieben wurde, gibt es unzählig viele Lösungswege und deshalb soll keiner davon favorisiert abgehandelt sein. In Analogie zur Prüfungsbedingung (bestanden ab 60%) wurde folgendes Bewertungsschema entwickelt:

Richtige Antworten je Kapitel	Unsere Beurteilung	Ihre sinnvolle Reaktion auf das Ergebnis
9–10	Sehr gut	Weiter so – es ist beruhigend, dass solche Profis wie Sie aktiv sind.
7–8	Es sollte für die Arbeit in nicht hoch brandgefährlichen Unternehmen ausreichen	Versuchen Sie, exakter zu arbeiten: ruhiger, abwägender, ggf. weniger Entscheidungen je Arbeitstag treffen.
6	Bedenklich geringes Wissen	Versuchen Sie, sich deutlich mehr Fachwissen anzueignen – entwickeln Sie Spaß und Freude für die Arbeit.
4–5	Mangelbehaftet	Wiederholen Sie die Grundausbildung oder gehen Sie öfters auf Schulungen und werden Sie aktiver.
0–3	Ungenügend	Überlegen Sie, ob es nicht für alle Beteiligte sinnvoll und sicherer wäre, wenn Sie nicht mehr als Brandschutzbeauftragter arbeiten.

Sollten lediglich bei wenigen, einzelnen Kapiteln Ausreißer nach unten auftreten und bei anderen nicht, so sieht man ja exakt, in welche Richtung die persönlich vertiefte Weiterbildung laufen soll. Übrigens, zu wenig Wissen ist ähnlich gefährlich wie ein sog. Halbwissen (Stichwort: gefährliches Halbwissen) – über das, gerade in sicherheitstechnischen Belangen, praktisch alle in der Bevölkerung meinen, darüber ausreichend Bescheid zu wissen und zu verfügen (vgl. Fußball, Corona, Allgemeinbildung und Politik); und wer absoluter Profi ist, unterliegt der Gefahr zu selbstsicher (ggf. arrogant) aufzutreten und sich zu schnell eine – ggf. falsche – Meinung zu bilden. Bleiben Sie mit beiden Beinen auf dem Boden, wägen Sie immer ab, hören Sie anderen zu und überlegen Sie immer, was effektiv und zugleich auch effizient ist.

1	2	3	4	5	6	7	8
1b	1b	1d	1b	1a	1b	1c	1a
2a	2c	2a	2a	2a	2c	2a	1b
3a	2d	2b	2b	2b	3b	3b	1c
4a	3b	3a	2c	2c	4c	4a	2c
4b	4d	3b	2d	2d	5a	5b	3a
4c	5a	3c	3b	3a	5b	6c	3b
4d	5b	3d	3c	3b	6a	7d	3c
5a	5c	4a	3d	3c	7a	8c	3d
6d	6d	5b	4a	3d	7b	9d	4a
7b	7d	6b	5b	5a	7c	10d	4b
8b	8a	6c	6b	5b	7d		4c
9c	9a	6d	7a	5c	8c		5a
10a	9b	7b	7b	5d	9a		5b
10b	9c	8c	7c	6d	9b		5c
	9d	9a	7d	8a	9c		5d
	10a	10b	8a	8b	9d		6c
			8b	8c	10a		7a
			8c	8d			8a
			9d	9a			9a
			10b	9b			10a
			10c	9c			10d
				9d			
				10a			
				10b			
				10d			

9	10	11	12	13	14	15	16
1a	1a	1c	1b	1c	1c	1b	1d
2a	1b	2c	2c	2b	2a	1c	2c
2b	2d	2d	3c	3b	2b	1d	3b
2c	3d	3c	3d	4c	2c	2a	3c
3a	4a	4a	4b	5a	2d	2b	4c
3b	5b	4b	4d	6a	3a	2c	4d
3c	5c	6a	5a	7b	4a	2d	5b
3d	6b	7b	6d	8a	4b	3d	5c
4b	7a	7c	7c	9d	4c	4d	6d
5d	7b	7d	7d	10a	4d	5c	7c
6c	7c	8a	8b	10d	5a	6c	8b
7a	7d	9a	8c		5b	7c	8c
7c	8d	10a	8d		5c	8c	9a
8b	9b		9a		5d	9d	10b
9c	9c		9b		6a	10b	
10a	9d		9c		6b		
	10a		10c		6c		
	10c				6d		
					7a		
					8a		
					9a		
					9b		
					9d		
					10b		

Schlussworte

Sie haben jetzt 16 Lehreinheiten zu völlig unterschiedlichen Themen gelesen. Wenn Ihnen ein Kapitel nicht zugesagt hat, lesen Sie dieses nochmal – bitte akzeptieren Sie, dass hier nichts drinsteht, was Sie verärgern oder gar verletzen soll. Und wenn Sie aus Desinteresse ein Kapitel übersprungen haben, bitte holen Sie das nach – früher oder später brauchen Sie dieses Fachwissen nämlich doch, denn Nichtwissen schadet eben! Alles, von der brandsicheren Batterielagerung bis hin zu Ihrem Auftreten, soll den Brandschutz in Ihrem Unternehmen verbessern. Akzeptieren Sie bitte auch, dass die Brandentstehungswahrscheinlichkeit nicht bei null liegt – auch bzw. gerade, wenn es bei Ihnen noch nie gebrannt hat. Und vergessen Sie nicht, dass – stochastisch betrachtet – unterschiedliche Brände voneinander unabhängig sind; soll heißen: Egal ob es schon mal gebrannt hat (z. B. letzte Woche) oder noch nie, die Wahrscheinlichkeit eines weiteren Brands wird dadurch nicht beeinträchtigt. Und brennen kann es überall, praktisch zu jeder Zeit.

Guter Brandschutz bedeutet nicht, das eine zu tun und Punkt. Nein, guter Brandschutz bedeutet, viel und Vieles zu machen. Effektiv UND effizient. Individuell die richtigen Punkte umsetzen, Bauliches, Anlagentechnisches, Organisatorisches, Versicherungsrechtliches. Und dabei wissen, dass wir 100 % Sicherheit nicht erreichen können, und aus diesem Grund kümmern wir uns auch um den abwehrenden Brandschutz – auch hier effektiv und effizient!

Ich wünsche Ihnen viel Spaß und Erfolg bei Ihrer anspruchsvollen, schönen und wichtigen Aufgabe für Ihr Unternehmen.

Herzliche Grüße, liebe Kollegen, Euer Dr. Wolfgang J. Friedl

PS: Am Schluss des Buchs befindet sich →

Bestätigung zur Weiterbildung (Selbstlernen in 16 UE)

Diesen Nachweis können Sie herausnehmen und bei Ihren Weiterbildungsnachweisen ablegen/einkleben.

Bestätigung zur Weiterbildung (Selbstlernen in 16 UE)

Name, Vorname: ....

Anschrift: ....

Ich erkläre persönlich mit meiner Unterschrift, dass ich das beiliegende Buch mit 16 Unterrichtseinheiten von

Dr.-Ing. Wolfgang J. Friedl:

Weiterbildung für Brandschutzbeauftragte

16 Unterrichtseinheiten zum Selbstlernen (2022)

Erich Schmidt Verlag, Berlin, (ISBN 978-3-503-20038-2)

gelesen und verstanden habe. Die Prüfungsfragen habe ich beantwortet und meine Antworten mit den Korrekturantworten des Verfassers anschließend abgeglichen und die Ergebnisse überprüft.

Diese Seite dient dem Nachweis an der Weiterbildung für Brandschutzbeauftragte im Jahr .... (eintragen) erfolgreich teilgenommen zu haben.

Ort, Datum ....

Unterschrift des Lesers/der Leserin: ....